Java Web
开发技术与实践

汪诚波 主编 / 宋光慧 副主编

清华大学出版社
北 京

内 容 简 介

本书全面介绍 Java Web 开发技术。前台(前端)主要采用 HTML+Ajax(Jquery)技术,以 JSON 为前后台(前后端)数据通信格式;后台(后端)以 MVC 为分层思想,核心技术为 Servlet、内置对象技术与 JDBC 规范,具体设计控制层、业务层与 DAO 层;最后介绍 Spring MVC+Hibernate 框架技术。本书以解决登录、注册、动态表格、分页、购物车、文件上传等 Web 项目中的经典问题展开,每个案例都具有实用性,每个例子的实现以软件设计思想为主线,包括需求功能设计以及实现技术路线及关键技术等。本书在介绍相关技术的同时,力求展现软件设计与生产的实际过程。本书不仅适合作为高等学校应用型本科生的教材,也适合作为自学者及工程技术人员的参考用书。

图书在版编目(CIP)数据

Java Web 开发技术与实践/汪诚波主编. —北京:清华大学出版社,2018(2021.1重印)
ISBN 978-7-302-50555-6

Ⅰ. ①J… Ⅱ. ①汪… Ⅲ. ①Java 语言—程序设计—高等学校—教材 Ⅳ. ①TP312.8

中国版本图书馆 CIP 数据核字(2018)第 141958 号

责任编辑:张瑞庆
封面设计:常雪影
责任校对:梁 毅
责任印制:吴佳雯

出版发行:清华大学出版社
网 址:http://www.tup.com.cn,http://www.wqbook.com
地 址:北京清华大学学研大厦 A 座 **邮 编**:100084
社 总 机:010-62770175 **邮 购**:010-83470235
投稿与读者服务:010-62776969,c-service@tup.tsinghua.edu.cn
质量反馈:010-62772015,zhiliang@tup.tsinghua.edu.cn
课件下载:http://www.tup.com.cn,010-83470236
印 装 者:三河市金元印装有限公司
经 销:全国新华书店
开 本:185mm×260mm **印 张**:15.75 **字 数**:371 千字
版 次:2018 年 9 月第 1 版 **印 次**:2021 年 1 月第 4 次印刷
定 价:45.00 元

产品编号:079895-01

前言

本书是作者在多年的教学与科研实践的基础上，按照普通高等学校本科“应用型人才”的培养目标和基本要求而编写的计算机应用技术类专业教材。本书在全面讲解 Java Web 技术体系的同时，还从工程实践出发，强调知识的实际运用能力。本书摒弃了传统本科教材采用抽象的表达式或者无实用价值的例子来解析软件工程理论的方法，也不采用高职高专教材中的最典型的“step”案例说明法，而是把软件工程理论、OOP 思想等体现在案例中，以更高的视野去审视、分析案例。这样，一方面通过对具有实用价值案例的学习，掌握基本概念、基本原理及技术规范；另一方面通过对案例的分析，达到活用技术的目的。

技术是没有先进与落后的，只有合适与不合适。一个工程项目采用何种解决方案是没有标准答案的。Java Web 本身技术规范及原理并不很难，但要掌握及灵活运用 Java Web 技术是一件不容易的事。然而，问题的解决本身存在着一般规律和原则，如何用软件开发的一般规律和原则去分析案例，去理解案例中所运用的各项技术及规范，以达到掌握技术的目的，是本书向读者要传递的基本思想。本书采用的案例来源于已开发并应用的实际项目，对案例的分析很多直接来源于工程技术人员的现场讨论。本书尽可能地把各种解决方案及优缺点呈现在读者面前，使读者能从更高层次上来理解各项技术。

本书全面介绍 Java Web 开发技术，按照 MVC 思想，重点讲解 4 个方面的内容：①Ajax 与 JSON 技术；②Servlet 与 JSP 技术体系；③基于 JDBC 的 DAO 的设计；④流行的开发框架(Spring MVC＋Hibernate)。对于 Web 项目中的一些经典问题(现场)，本书采用“现场→抽象→技术方案→特点分析→选择方案”的组织方式进行介绍。

本书是高等学校计算机应用技术类专业教材，读者需要具有一定的计算机专业基础知识。

由于作者水平有限，加之时间紧张，难免存在疏漏和不妥，恳请广大读者批评指正。

作　者

2018 年 5 月

前言

目录

目录

目录

目录

目录

目录

目录

第 1 章　Web 应用程序概述

随着互联网＋时代的到来，基于 Web 的开发方兴未艾。本章首先介绍基于 Web 的应用软件开发的原理和相关概念，然后介绍几种主要的 Web 编程技术并且加以对比，最后介绍开发环境。

1.1 应用程序分类

应用程序可以分为以下 3 类。

(1) 单机应用程序：又称桌面软件，如 Word 办公软件。单机应用程序的特点是其物理上完全由一台机器执行。

(2) C/S 应用程序：即客户/服务器(Client/Server)模式应用程序，本地机需要下载和安装客户端软件，又需要下载和安装服务器支持的应用软件，如 QQ、游戏类的围棋等。智能手机的原生 APP 也属于 C/S 应用程序。C/S 应用程序的特点是客户端软件＋网络＋服务器软件。

(3) B/S 应用程序：即浏览器/服务器(Browser/Server)模式应用程序，一些大型的网站，如电商类的淘宝、京东，社交媒体类的 Facebook、新浪微博等，都采用此类应用程序。这类应用程序通过浏览器进行访问，所以称为基于 Web 的应用程序。B/S 应用程序的特点是统一发布且升级维护方便。

1.2 B/S 系统相关基础知识

1.2.1 HTTP 协议

超文本传输协议(HyperText Transfer Protocol，HTTP)是互联网上应用最为广泛的一种网络协议。所有的3W文件都必须遵守这个标准。设计HTTP最初的目的是为了提供一种发布和接收HTML页面的方法。

HTTP是应用层协议,是客户端浏览器或其他程序与Web服务器之间的应用层通信协议,在Internet的Web服务器上存放的都是超文本信息,客户机需要通过HTTP协议传输所要访问的超文本信息。HTTP包含命令和传输信息,不仅可用于Web访问,也可以用于其他Internet/Intranet应用系统之间的通信,从而实现各类应用资源超媒体访问的集成。

HTTP是基于TCP/IP协议开发的,是一种无响应协议。简单地说,客户端发起请求,服务器端收到该请求并把相关资源发回客户端后,立刻关闭连接且释放资源。因此,HTTP通常被理解成是"无状态"的协议。这样做的主要原因是,由于同时在线的人数会很多,如果都与服务器保持长时间的连接状态,那么服务器将承载相当大的并发压力。

1.2.2 静态页面与动态页面

静态页面一般由HTML元素构成,或者由加上其他浏览器能解析执行的脚本代码(如JS)组成,可以直接用本地的浏览器打开。在B/S架构中,通过HTTP协议从服务器获得相应资源,需要Web服务器(如Apache)作后台支撑,Web服务器原理示意图如图1-1所示。

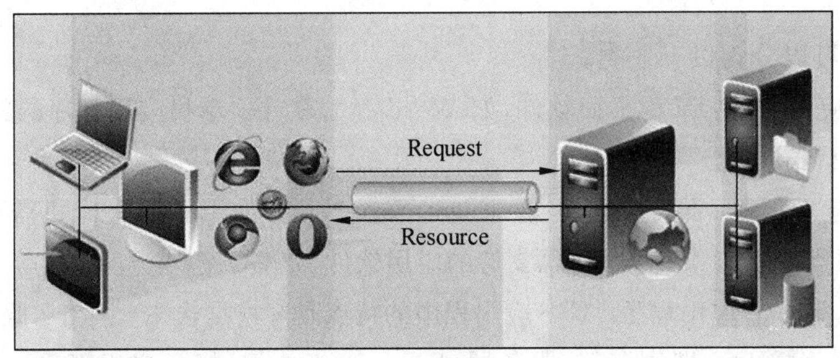

图1-1 Web服务器原理示意图

动态页面的内容一般都是依靠服务器端的程序来生成的,不同客户、不同时间访问同一页面所显示的内容可能不同。网页设计者在写好服务器端的页面程序后不需要手工控制,页面内容会按照页面程序的安排自动更改变换。这需要动态网页技术,一般需要Web服务器和应用服务器(如Tomcat)作后台支撑。

1.2.3 Web服务器与应用服务器

Web服务器是可以向发出请求的浏览器提供文档(一般是指HTML)的程序。它是一种被动程序,只有当Internet上其他计算机中的浏览器发出请求时,服务器才会响应。最常用的Web服务器是Apache和Microsoft公司的Internet信息服务器(Internet Information

Services,IIS)。

Web 服务器的基本功能就是提供 Web 信息浏览服务,它支持 HTTP 协议、HTML 文档格式及 URL 服务,通过接收用户的请求(Request)、响应 HTML 文档等实现客户浏览服务需求。

有些 Web 服务器只能支持静态页面技术(如 Apache),而对于动态页面,一般需要应用服务器技术。

根据 Microsoft 公司的定义,“应用服务器是作为服务器执行共享业务应用程序的底层的系统软件”。就像文件服务器为很多用户提供文件一样,应用服务器可以让多个用户同时使用同一个应用程序(通常是由客户创建的应用程序),它处理的是非常规性的动态 Web 页面。

有些服务器同时具有 Web 服务器和应用服务器功能,如 Tomcat,在 MVC 编程模式下一般被称为轻量级应用服务器,同时支持 Web 服务功能。Tomcat 的工作原理如图 1-2 所示,以用户登录为例,其页面迁移及业务流程如图 1-3 所示。

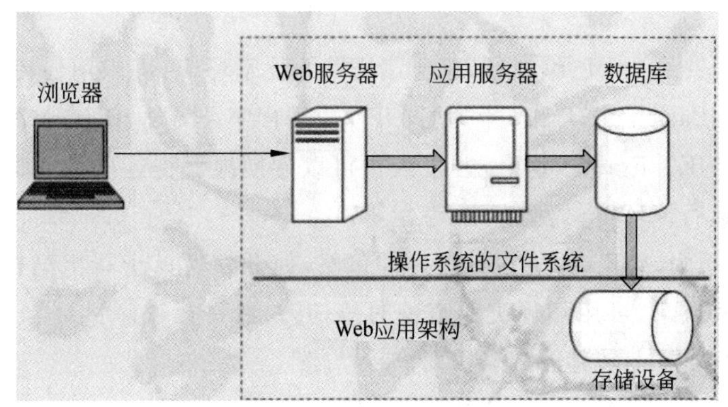

图 1-2　Tomcat 的工作原理

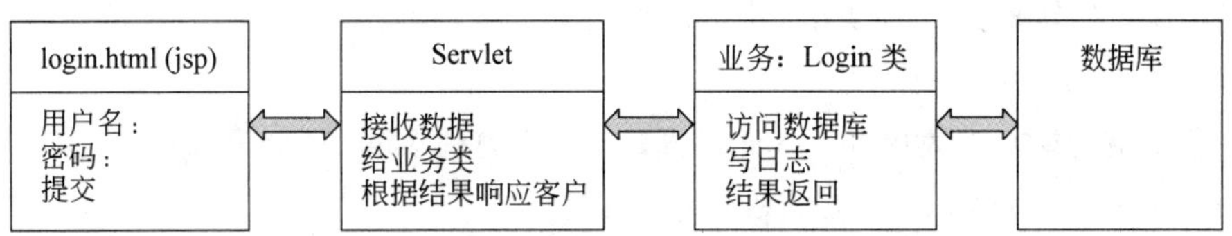

图 1-3　页面迁移及业务流程

1.3　动态页面技术概述

1.3.1　ASP 及 ASP.NET 技术

ASP 是 Active Server Page 的缩写,意为“动态服务器页面”,是一个基于 Web 服务器端的开发技术，利用它可以产生和执行动态的、互动的、高性能的 Web 应用程序。ASP 是 Microsoft 公司开发的用来代替 CGI 脚本程序的一种应用技术，它采用脚本语言 VBScript 作为开发语言，借助于 COM＋技术，几乎可以实现所有 C/S 应用程序的功能。另外，ASP 可以通过 ADO(ActiveX Data Object，Microsoft 公司提出的一项高效访问数据库的技术）实现对各类数据库的访问。ASP 技术由于语法简单、功能实用，再加上 Microsoft 公司的大力整合和支持，在 20 世纪 90 年代成为 Web 应用开发的主流技术之一。

2002 年以后，Microsoft 公司提出了全新的 ASP. NET，虽然名字都包含有 ASP，但是二者的编程模式完全不同。ASP. NET 是 Microsoft. net 的一部分，作为战略产品，它不仅仅是 ASP 的下一个版本，还提供了一个统一的 Web 开发模型，其中包括开发人员生成企业级 Web 应用程序所需要的各种服务。ASP. NET 的语法在很大程度上与 ASP 兼容，同时它还提供了一种新的编程模型和结构，可生成伸缩性和稳定性更好的应用程序，并提供更好的安全保护。可以通过在现有 ASP 应用程序中逐渐添加 ASP. NET 功能，增强 ASP 应用程序的功能。

ASP. NET 提供了一个已编译的、基于. NET 的技术环境，可以用任何与. NET 兼容的语言（包括 Visual Basic . NET 和 C#）协同开发应用程序。另外，任何 ASP. NET 应用程序都可以使用整个. NET Framework。开发人员可以方便地获得这些技术的支持，其中包括托管的公共语言运行库环境、类型安全、继承等。

Microsoft 公司为 ASP. NET 设计了一些策略，使开发者易于写出结构清晰的代码，且使代码易于重用和共享、可用编译类语言编写等，其目的是让程序员更容易地开发出 Web 应用程序，以满足向 Web 转移的战略需要。

与 ASP 相比，ASP. NET 具有以下明显的优势：

(1) 程序代码和网页内容分离，使得开发和维护简单方便。Code-Behind 技术将程序代码和 HTML 标记分离在不同的文件中。通过引入服务器端空间，并且加入事件的概念，从而改变了脚本语言的编写模式。

(2) 语言支持能力大大提高。ASP. NET 支持完整的 Visual Basic，而不是 VBScript 脚本语言，此外还支持面向对象的 C# 和 C++ 语言。

(3) 执行效率大幅提高。ASP. NET 是编译执行的，比起 ASP 的解释执行在速度方面快了很多，并且提供了快速存取(Caching)的能力。

(4) 易于配置。通过纯文本文件就可以完成对 ASP. NET 的配置，而且配置文件可以在应用程序运行时进行上传和修改，无须重启服务器，也没有 Metabase 和注册方面的难题。

(5) 更高的安全性。改变了 ASP 单一的基于 Windows 身份认证方式，增加了 Forms 和 Passport 两种身份认证方式。

ASP. NET 不完全兼容早期的 ASP 版本，所有大部分旧的 ASP 代码必须进行修改才能在 ASP. NET 技术环境下运行。为了解决这个问题，ASP. NET 使用了一个新的文件扩展名. aspx，这样就使 ASP. NET 应用程序与 ASP 应用程序能够一起运行在同一个服务器上。

下面给出一个 ASP.NET 的示例。

【例 1-1】 ASP.NET 示例。

```
<script runat="server">
Sub Page_Load
    response.write("Hello ASP.NET World!")
End Sub
</script>
<html>
    <body>
    </body>
</html>
```

输出结果：

```
Hello ASP.NET World!
```

1.3.2 PHP 技术

PHP(Hypertext Preprocessor,超文本预处理器)是一种 HTML 内嵌式语言,它是一种在服务器端执行的嵌入 HTML 文档的脚本语言,语言的风格类似于 C 语言,已经被广泛运用。

PHP 的语法混合了 C、Java、Perl 的语法,以及 PHP 自创新的语法。它能够比 CGI 或者 Perl 更快速地执行动态网页。与其他编程语言相比,用 PHP 做动态页面是将程序嵌入 HTML 文档中去执行,其执行效率比完全生成 HTML 标记的 CGI 要高许多;PHP 还可以执行编译后的代码,编译可以达到加密和优化代码运行,使代码运行速度更快。PHP 具有非常强大的功能,所有 CGI 的功能 PHP 都能够实现,而且支持几乎所有流行的数据库和操作系统。PHP 运行的典型环境是 Apache+MySQL+PHP,其中 Apache 是世界使用排名第一的 Web 服务器软件。PHP 可以运行在几乎所有广泛使用的计算机平台上,并因其具有跨平台和更高的安全性而被广泛使用,是目前最流行的 Web 服务器端软件之一。

PHP 技术的特点如下:

(1) 开源免费。所有的 PHP 源代码基本上都可以免费得到,PHP 相关的开发工具和运行环境也大都免费。

(2) 强大的字串处理能力。程序开发快,运行快,技术学习快。

(3) 嵌入 HTML。当使用者使用经典程序设计语言(如 C 或 Pascal)编程时,所有的代码必须编译成一个可执行的文件,然后该可执行文件在运行时为远程的 Web 浏览器产生可显示的 HTML 标记。但另一方面,PHP 并不需要编译(至少不需要编译成可执行文件)。使用者可以把自己的代码混合到 HTML 中。

(4) 跨平台性强。由于 PHP 是运行在服务器端的脚本语言,可以运行在 UNIX、Linux、

Windows 等操作系统下。

(5) 效率较高。和其他解释性语言相比，PHP 系统消耗较少的系统资源。当 PHP 作为 Apache Web 服务器的一部分时，运行代码不需要调用外部二进制程序，服务器解释脚本不需要承担任何额外负担。

(6) 数据库支持。用户可以使用 PHP 存取 Oracle、Sybase、MS SQL、Adabase D、MySQL、mSQL、PostgreSQL、dBase、FilePro、UNIX dbm、Informix/Illustra 等类型的数据库，以及任何支持 ODBC 标准的数据库系统。

(7) 面向对象。PHP4 和 PHP5 在面向对象方面都有了很大的改进，现在 PHP 完全可以用来开发大型商业程序。

PHP 的脚本块以"＜?php"开始，以"?＞"结束。应用程序可以把 PHP 的脚本块放置在文档中的任何位置。PHP 文件通常会包含 HTML 标签，PHP 文件整体上就像一个 HTML 文件，内部包括一些 PHP 脚本代码。

下面给出一个用 PHP 语言编写的简单程序。

【例 1-2】 PHP 程序示例。

```
<html>
  <body>
    <?php
        echo "Hello PHP World"
    ?>
  </body>
</html>
```

输出结果：

```
Hello PHP World
```

1.3.3 Servlet/JSP 技术

Servlet/JSP 技术是 Sun 公司倡导的一种动态网页技术，为 Web 开发者提供快速、简单创建 Web 动态内容的能力。Servlet 是一种能够扩展和加强 Web 服务器能力的 Java 平台技术，提供基于组件的平台独立的方法来创建 Web 应用程序。Servlet 组件部署在服务器端，担当客户请求(Web 浏览器)与服务器的中间层，由 Web 服务器进行加载，该 Web 服务器必须包含支持 Servlet 的 Java 虚拟机。与 CGI 应用不一样，Web 服务器在加载 Servlet 组件时，不会创建新的进程，而是分配线程，从而避免了 CGI 应用程序的性能缺陷。

Servlet 是用 Java 语言编写的、运行于服务器端的应用程序。Java Servelet API 为 Servlet 提供了统一的编程接口。Servlet 程序是用 Java Servlet API 开发的一个标准的 Java 扩展程序，但不是 Java 核心框架的一部分。所有的 Servlet 都必须实现 javax. servlet.

Servlet 接口。大多数 Servlet 是针对使用 HTTP 的 Web 服务器，因此，通用的开发 Servlet 的办法就是使用 javax. servlet. http. HttpServlet 类。HttpServlet 类通过扩展 GenericServlet 基类继承 Servlet 接口，提供处理 HTTP 协议的功能。它的 service()方法支持标准 HTTP 1.1，用于处理 HTTP 请求和响应。例如，当客户端发送请求至服务器端，服务器将请求信息发送至 Servlet，Servlet 生成响应内容并将其传给 Server。响应内容动态生成，通常取决于客户端的请求，服务器将响应内容返回给客户端。

Servlet 的优点在于提供了大量的实用工具例程。例如，自动解析和解码 HTML 表单数据、读取和设置 HTTP 头、处理 Cookie、跟踪会话状态等。用 HttpServlet 指定的类编写的 Servlet，可以多线程地并发运行 service()方法，调用 doGet()和 doPost()等方法处理客户的请求和响应。Servlet 还能够在各个程序之间共享数据，使得数据库连接池之类的功能容易实现。Servlet 用 Java 语言编写，可移植性好。几乎所有的主流服务器都直接或通过插件支持 Servlet。

下面给出一个简单的 Servlet 例子。

【例 1-3】 Servlet 程序示例。

```
import java.io.IOException;
import java.io.PrintWriter;
import javax.servlet.ServletException;
import javax.servlet.http.HttpServlet;
import javax.servlet.http.HttpServletRequest;
import javax.servlet.http.HttpServletResponse;

public class testServlet extends HttpServlet {
    public testServlet(){
        super();
    }
    public void destroy(){
        super.destroy();
    }
    public void doGet (HttpServletRequest request, HttpServletResponse response)
    throws ServletException, IOException {
        response.setContentType("text/html");
        PrintWriter out=response.getWriter();
        out.println("<!DOCTYPE HTML PUBLIC \"-//W3C//DTD HTML 4.01 Transitional//
        EN\">");
        out.println("<HTML>");
        out.println("<HEAD><TITLE>A Servlet</TITLE></HEAD>");
        out.println("<BODY>");
        out.print("This is ");
        out.print("my first Servlet");
        out.println(", using the POST method");
```

```
        out.println("</BODY>");
        out.println("</HTML>");
        out.flush();
        out.close();
    }
    public void doPost(HttpServletRequest request, HttpServletResponse response)
    throws ServletException, IOException {
        doGet(request, response);
        }
    public void init()throws ServletException {}
}
```

输出结果：

```
This is my first Servlet, using the POST method
```

从上面的例子可以看出，在 Servlet 中，用 out 方法编写了大量的 HTML 代码，其可读性、可维护性较差，给开发带来不便。后来 Sun 公司推出 JSP 来弥补 Servlet 的一些不足，JSP 技术不但继承了 Servlet 的全部功能，还增加了一些新的功能。JSP 技术是在传统的网页 HTML 文件(*.htm、*.html)中插入 Java 程序段(scriptlet)和 JSP 标记(tag)，从而形成 JSP 文件(*.jsp)。JSP 与 Java Servlet 一样是在服务器端执行的，返回该客户端的也是一个 HTML 文本，因此客户端只要有浏览器就能浏览。Java Servlet 是 JSP 的技术基础，而且大型的 Web 应用程序的开发，需要 Java Servlet 和 JSP 配合才能完成。在项目开发中，JSP 主要用于显示，Servlet 转化为控制器角色，主要用于动态页面调度。

JSP 技术使用 Java 编程语言编写类似 XML 的 tags 和 scriptlets，来封装产生动态网页的处理逻辑。网页还能通过 tags 和 scriptlets 访问存在于服务端的资源。JSP 将网页逻辑及网页设计和显示分离，支持可重用的基于组件的设计，使基于 Web 的应用程序的开发变得迅速和容易。

JSP 技术的优势如下：

(1) 一次编写，到处运行。除了系统之外，代码不用进行任何更改。

(2) 系统支持多平台。基本上可以在所有平台上的任意环境中开发，在任意环境中进行系统部署，在任意环境中扩展。相比 ASP/PHP 的局限性，其优势是显而易见的。

(3) 强大的可伸缩性。从只有一个小的 jar 文件就可以运行 Servlet/JSP，到由多台服务器进行集群和负载均衡，再到多台 Application 进行事务处理、消息处理，从一台服务器到无数台服务器，Java 显示出巨大的生命力。

(4) 多样化和功能强大的开发工具支持。这一点与 ASP 很像，Java 已经有了许多非常优秀的开发工具，而且许多是免费的，并且许多已经可以顺利地运行于多种平台。

(5) 支持服务器端组件。Web 应用需要强大的服务器端组件来支持，开发人员需要利用其他工具设计实现复杂功能的组件来供 Web 页面调用，以增强系统性能。JSP 可以使用成熟的 JavaBeans 组件来实现复杂业务逻辑。

JSP 技术的弱势如下：

(1) 与 ASP 一样，Java 的一些优势也是它致命的问题所在。正是为了实现跨平台的功能，为了具有极度的伸缩能力，导致 JSP 技术增加了产品的复杂性。

(2) Java 的运行速度是用 class 常驻内存来完成的，所以在一些情况下，它所使用的内存比起用户数量来说确实是“最低性能价格比”了。但另一方面，它还需要硬盘空间来储存一系列的. java 文件和. class 文件，以及对应的版本文件。

下面给出一个简单的 JSP 例子。

【例 1-4】 JSP 程序示例。

```
<%@page language="java" import="java.util.*" pageEncoding="ISO-8859-1"%>
<html>
    <head>
          <title>My JSP 'myfirst.jsp' starting page</title>
    </head>
<%
    String str="Hello ! This is my first JSP";
%>
<body>
        <%=str %>
</body>
</html>
```

运行结果：

```
Hello ! This is my first JSP
```

1.3.4 Web 开发技术比较

目前流行的 3 种 Web 开发技术分别是 Servlet/JSP、ASP. NET 和 PHP，表 1-1 对这 3 种开发技术特点进行了简单比较。

表 1-1 3 种 Web 开发技术特点对比

技 术 性 能	Servlet/JSP	ASP. NET	PHP
运行速度	快	较快	较快
难易程度	容易掌握	简单	简单
运行平台	绝大部分平台均可	Windows 平台	Windows/UNIX 平台
扩展性	好	较好	差
安全性	好	较差	好

续表

技术性能	Servlet/JSP	ASP. NET	PHP
支持面向对象	支持	支持	最新的支持
数据库支持	多	多	多
厂商支持	多	较少	较多
对 XML 的支持	支持	支持	有限支持
对组件的支持	支持	支持	不支持
对分布式处理的支持	支持	支持	不支持
适用 Web 领域	大、中、小型项目	大、中、小型项目	中、小型项目
服务器空间价格	较贵	便宜	便宜
支持框架	多	少	少

1.4 开发环境搭建

集成开发环境有很多，主流的集成开发环境包括 Eclipse+各种插件、MyEclipse、IntelliJ IDEA 等，读者可以根据自己的喜好选择一种集成开发环境。本书采用的数据库为 MySQL。下面介绍第一种集成开发环境的安装方法。

1.4.1 安装 JDK

JDK 是 Sun Microsystems 公司推出的用于编写 Java 应用程序的开发包，包括 Java 运行环境、Java 工具和 Java 基础类库。JDK 有以下 3 种版本。

(1) Standard Edition(标准版)：即 J2SE，包含构成 Java 语言核心的类。例如，数据库连接、接口定义、输入输出、网络编程。

(2) Enterprise Edition(企业版)：即 J2EE，包含 J2SE 中的类，并且还包含用于开发企业级应用的类。例如，EJB、Servlet、JSP、XML、事务控制。

(3) Micro Edition(微型版)：即 J2ME，包含 J2SE 中的一部分类，用于消费类电子产品的软件开发。例如，寻呼机、智能卡、手机、PDA、机顶盒。

此外，针对不同的操作系统，JDK 也有不同的版本，本书主要面向 Windows 操作系统的标准版，可以从官方网站 http://java. sun. com 选择 7.0 以上的 JDK 版本下载，例如文件名为 jdk -8u73-windows-x64. exe。下载后双击该文件即可执行安装，按照屏幕提示，默认安装到 C:\Program Files\Java\jdk1. 8. 0_73 目录下，JDK 主要目录结构如图 1-4 所示。

图 1-4 中，bin 目录是用于 Java 开发、调试的一系列工具；demo 目录是可供学习的 Java

程序示例和源代码;include 目录是使用 Java 本地接口和 JVM 调试接口的本地代码的 C 语言的头文件;jre 目录是 Java 应用程序的运行时环境;lib 目录是开发工具所使用的类库;sample 目录是一些示例程序。此外,JDK 目录下还有一个文件 src. zip,是 Java 平台的源代码。

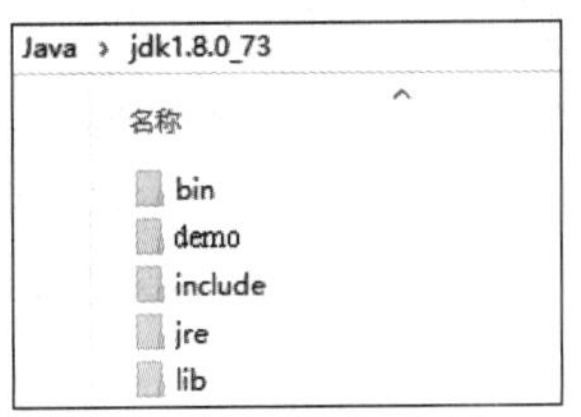

图 1-4 JDK 主要目录结构

安装好 JDK 后,通常还需设置一些环境变量。在 Windows 系统中,可以通过选择"我的电脑"→"属性"→"高级"(或者"高级系统设置")→"环境变量"来设置如下的环境变量。

```
JAVA_HOME=C:\Program Files\Java\jdk1.8.0_73(指示 JDK 的安装目录)
CLASS_PATH=.; %JAVA_HOME %\lib; %JAVA_HOME %\lib\ tools.jar(设置类路径)
```

1.4.2 安装和配置 Tomcat

适用于 Java Web 开发的服务器软件很多,例如 JSWDK、JServ、Resin、Tomcat、JRun、JBoss、WebLogic、WebSphere 等。其中,Tomcat 是一个免费的、开源的 Java Web 服务器,是 Apache 软件基金会的 Jakarta 项目中的一个核心项目,由于 Sun 公司的支持,能够很快地实现 Servlet 和 JSP 的最新规范,也是目前中小型企业应用中最主流的 Web 服务器。

Tomcat 可以通过官方网站 http://tomcat. apache. org 下载,在这里可以找到各种版本的下载区域,建议使用 Tomcat 7.0 或以上版本,下载链接地址为 http://tomcat. apache. org/down load-80. cgi ,读者也可下载其他版本。

Tomcat 的安装非常简单,只需双击下载的安装程序就可进入安装界面,按照屏幕上安装界面的提示,选择安装路径和 Web 服务端口号(默认端口是 8080)即可。安装好 Tomcat 后,还需要新建系统环境变量,CATALINA_HOME=D:\ApacheSoftwareFoundation\Tomcat8.0。

Tomcat 安装后,其目录结构如图 1-5 所示。

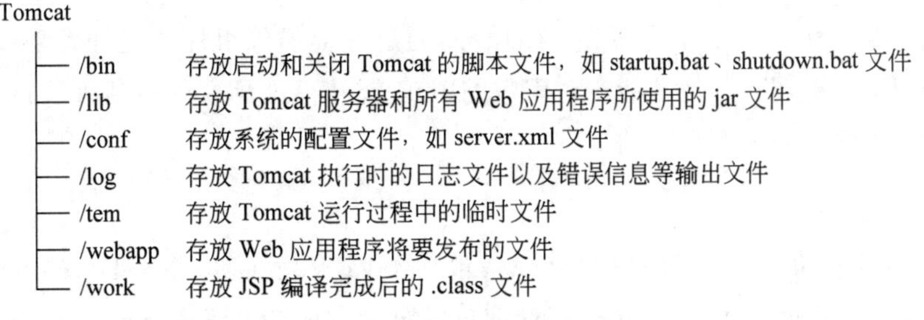

图 1-5 Tomcat 目录结构

其中,bin 目录存放启动和关闭 Tomcat 的脚本文件;lib 目录存放 Tomcat 服务器和所有 Web 应用所能访问的 jar 文件;conf 目录存放系统的配置文件;log 目录存放 Tomcat 执行时的日志文件以及错误信息等输出文件；tem 目录存放 Tomcat 运行的临时文件；webapp 目录是存放 Web 应用程序的发布文件，只需将要部署的 Web 应用 jar 文件放入这个目录，tomcat 会自动发布；work 目录存放 JSP 编译完成后产生的 JSP 的.class 文件。

要测试 Tomcat 是否正常安装，只需执行%CATALINA_HOME%\bin\Startup.bat，然后在浏览器地址输入 http://localhost:8080/，如果能正常显示页面（如图 1-6 所示），则说明 Tomcat 已经可以正常工作了。

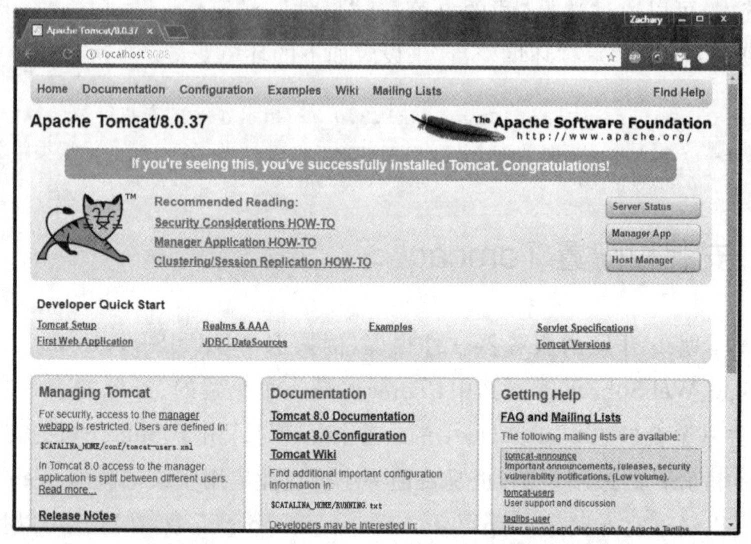

图 1-6　输入 http://localhost:8080 后正常显示的页面

1.4.3　安装和配置开发环境 Eclipse

Eclipse 最初是由 IBM 公司开发的替代商业软件 Visual Age for Java 的下一代 IDE 开发环境，在 2001 年 11 月捐献给开源社区，现在由非营利软件供应商联盟 Eclipse 基金会（Eclipse Foundation）管理。Eclipse 是基于 Java 的可扩展开发平台的、开放的源代码。就其本身而言，Eclipse 只是一个框架和一组服务，通过各类插件组件构建开发环境，众多插件的支持使得 Eclipse 拥有其他功能相对固定的 IDE 软件很难具有的灵活性。许多软件开发商以 Eclipse 为框架来开发自己的 IDE。

1. 安装 Eclipse

（1）Eclipse 附带了一个标准的插件集，包括 Java 开发工具（Java Development Tools，JDT），因此，只需下载标准的 Eclipse 程序即可满足本书的开发需求。Eclipse 是一个免费的软件，读者可以通过 Eclipse 官方网站（http://www.eclipse.org）下载 Eclipse，下载完成后解压缩到安装目录即可。

（2）双击 Eclipse 安装目录下的 Eclipse.exe 文件，启动 Eclipse 后会弹出 Workspace

Launcher 对话框，在 Workspace 下拉列表框中选择相应的 workspace(工作空间)，一般使用默认的工作空间即可。新建项目会放在此工作空间，如果有多人同时使用 Eclipse，则需要选择不同的工作空间，如图 1-7 所示。

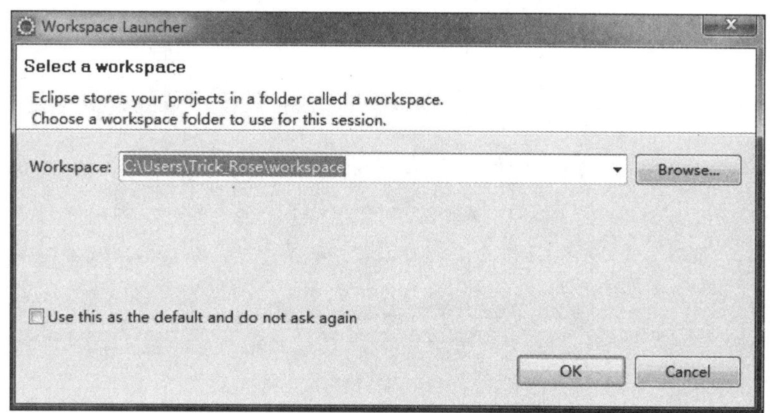

图 1-7　Eclipse 的工作空间选择

(3) 第一次使用 Eclipse 或者使用新建立的 Workspace 时，会出现一个漂亮的欢迎界面，通过此欢迎界面可以获得对 Eclipse 的基本了解，如图 1-8 所示。

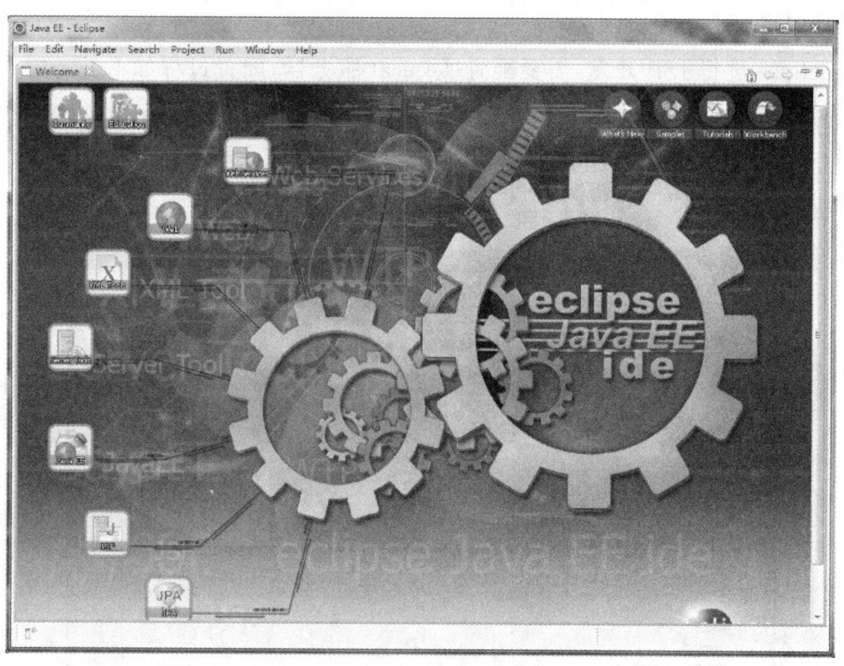

图 1-8　Eclipse 的欢迎界面

(4) 单击 Welcome 后面的关闭(×)按钮，关闭欢迎界面后将显示 Eclipse 的默认用户界面，如图 1-9 所示。

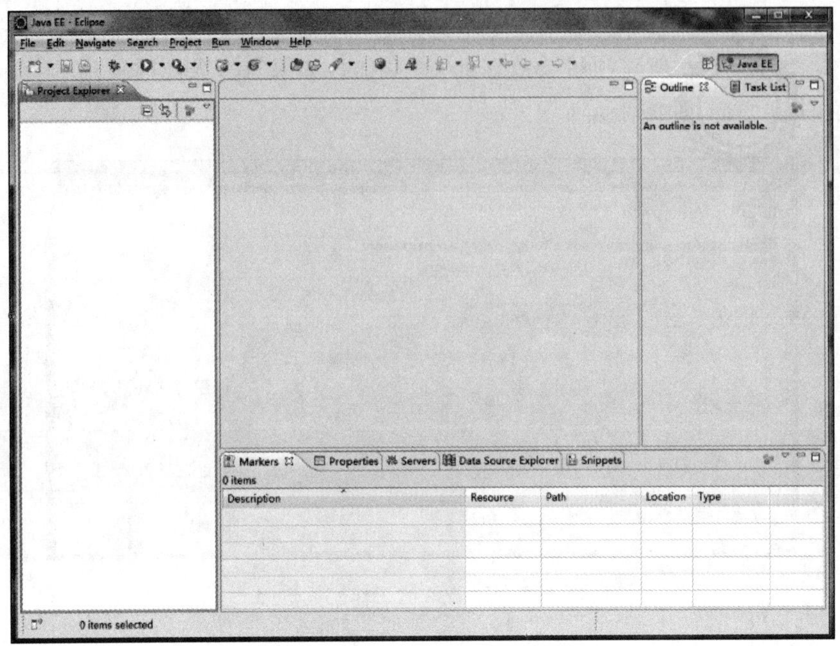

图 1-9　Eclipse 的默认用户界面

2．配置 Eclipse

使用 Eclipse 进行 JSP 开发，需要配置 Tomcat 服务器，配置过程如下：

(1) 选择菜单栏的 Window→Preferences 菜单项，在弹出的 Preferences 对话框中左侧的列表框中选择 Server→Runtime Environments 选项，则 Eclipse 中的运行时环境配置界面如图 1-10 所示。

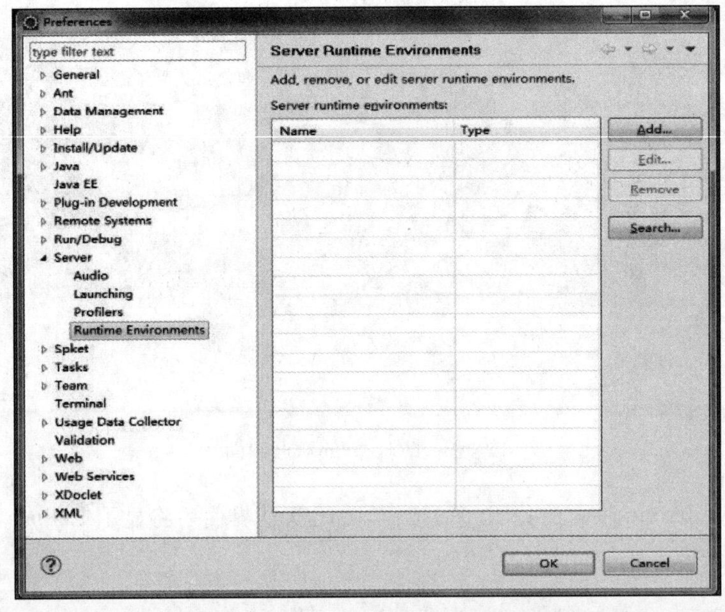

图 1-10　Eclipse 中的运行时环境配置界面

(2) 单击图 1-10 右侧的 Add 按钮，打开 New Server Runtime Environment 对话框，选择 Apache 路径下的 Apache Tomcat 版本，如图 1-11 所示。

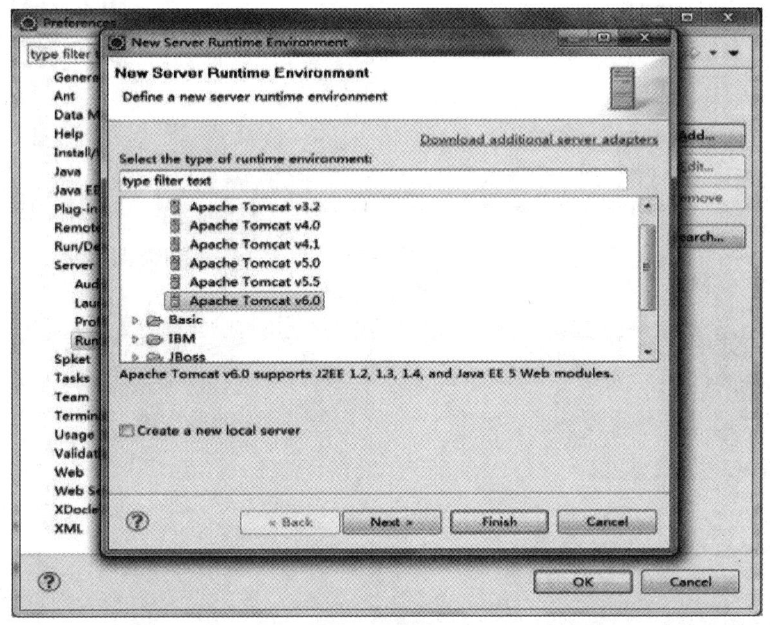

图 1-11 新建服务器运行时环境 Tomcat

(3) 单击 Next 按钮后，出现 Tomcat Server 对话框，输入相应的服务器名称、安装路径，选择相应的 JRE 版本，单击 Finish 按钮完成对 Eclipse 中服务器的配置，如图 1-12 所示。

(4) 完成以上步骤后，由于 Eclipse 没有部署工程到 Tomcat 的插件，这里可以安装一个 MyEclipse 插件，安装 MyEclipse，将其目录下的 Features 和 Plugins 两个目录复制出来，复制到 Eclipse 相应的目录下。这样，可以使用 MyEclipse 工具栏上的 直接启动 Tomcat，启动过程可能较慢，等到控制台上出现如下信息：

```
2010-10-13 13:09:13 org.apache.coyote.http11.Http11Protocolinit
信息: Initializing Coyote HTTP/1.1 on http-8080
2010-10-13 13:09:13org.apache.catalina.startup.Catalina load
信息: Initialization processed in 1543 ms
2010-10-13 13:09:13org.apache.catalina.core.StandardService start
信息: Starting service Catalina
2010-10-13 13:09:13org.apache.catalina.core.StandardEngine start
信息: Starting Servlet Engine: Apache Tomcat/6.0.24
2010-10-13 13:09:14 org.apache.coyote.http11.Http11Protocol start
信息: Starting Coyote HTTP/1.1 on http-8080
2010-10-13 13:09:14org.apache.jk.common.ChannelSocket init
信息: JK: ajp13 listening on /0.0.0.0:8009
2010-10-13 13:09:14org.apache.jk.server.JkMain start
信息: Jk running ID=0 time=0/62  config=null
```

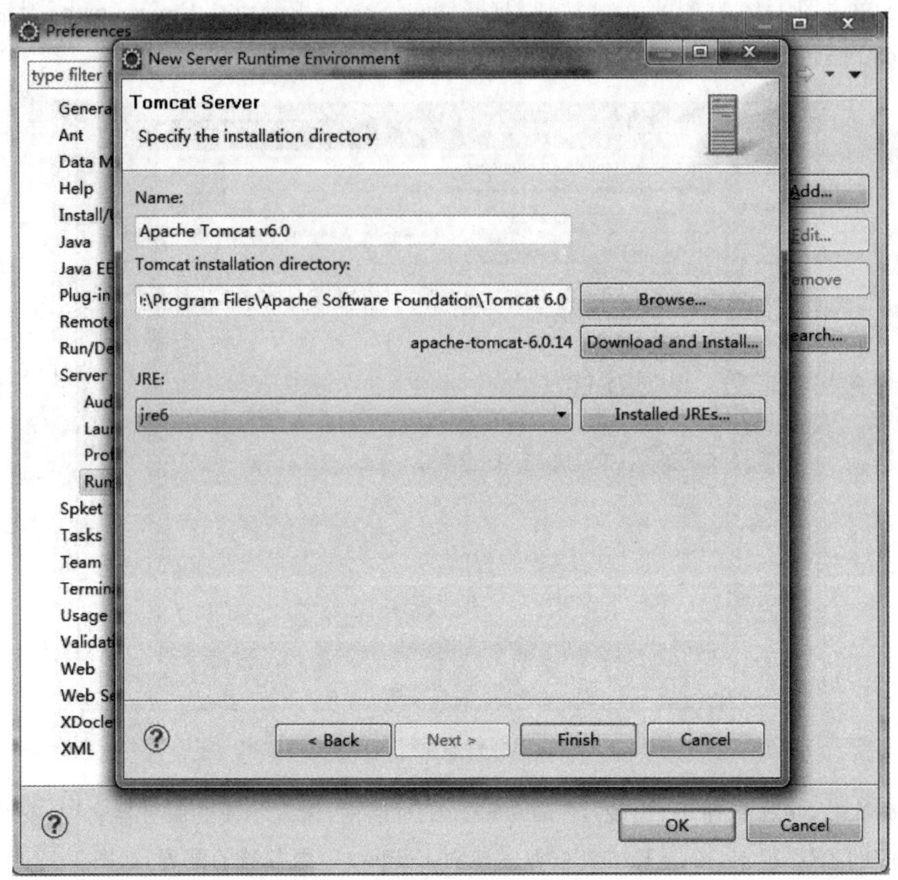

图 1-12　Eclipse 中集成 Tomcat 参数设置

```
2010-10-13 13:09:14org.apache.catalina.startup.Catalina start
信息: Server startup in 1115 ms
```

说明 Tomcat 启动完毕。同样，可以通过在浏览器输入 http://localhost:8080 来测试 Tomcat 是否正常启动。

3. 在 Eclipse 环境下建立 Web 项目

在 Eclipse 环境下建立 Web 工程项目，可以按以下步骤操作：

(1) 打开 Eclipse，选择左上角的 File→New→other，选择如图 1-13 的选项。

(2) 输入项目名称为 MyFirstWebProject，选择合适的 Target runtime，这里选择 Apache Tomcat v8.0，单击 Finish 按钮，如图 1-14 所示。

(3) 在 MyFirstWebProject 项目界面下，src 目录用于存放项目中的各类资源，包括 JavaBean、Servlet 等，如图 1-15 所示。WebContent 目录用于存放 JSP 文件。

(4) 右击 WebContent 目录，选择 New→JSP 选项，出现新建 JSP 文件对话框，输入 JSP 的文件名为 myFirst.jsp，单击 Finish 按钮，如图 1-16 所示。

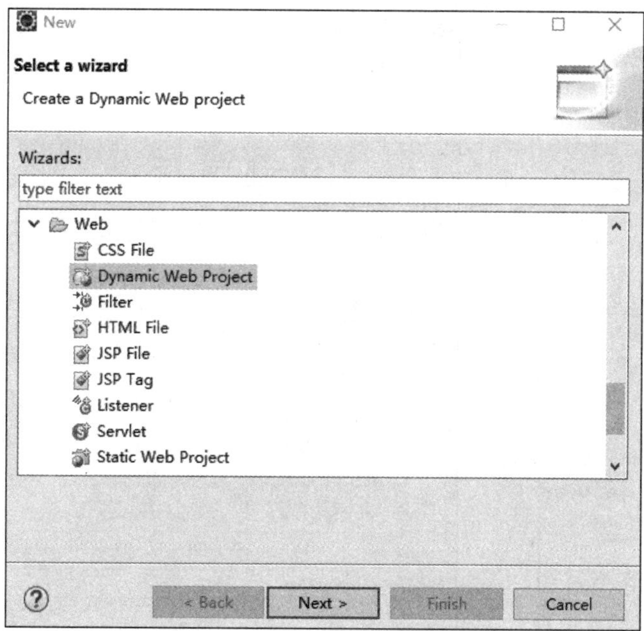

图 1-13　Eclipse 创建 Web 项目

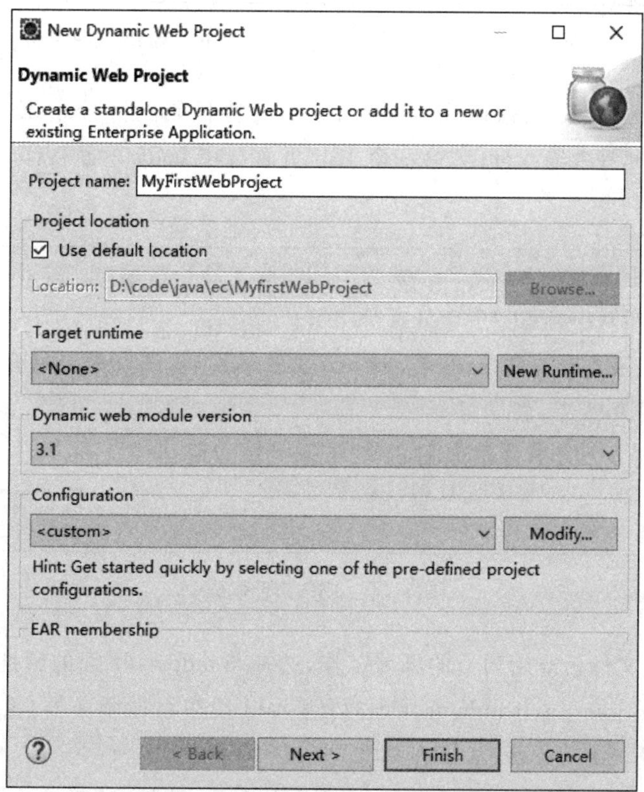

图 1-14　Web 项目对话框

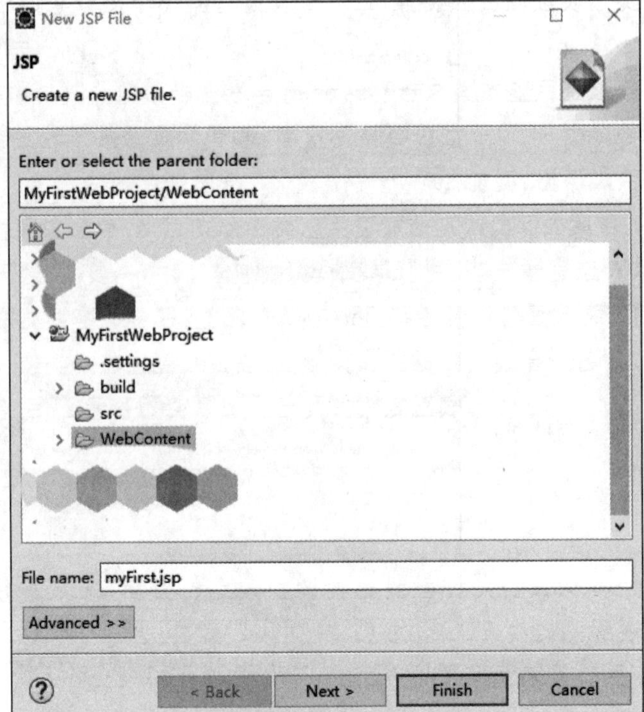

MyFirstWebProject
- Deployment Descriptor: MyFirst
- JAX-WS Web Services
- Java Resources
  - src
  - Libraries
- JavaScript Resources
- build
- WebContent
  - META-INF
  - WEB-INF

图 1-15 Web 项目界面

图 1-16 新建 JSP 文件

(5) myFirst.jsp 会出现默认代码，可以添加一些代码。将“pageEncoding”的值改成“UTF-8”，在 title 标签处输入标题“第一个 JSP 页面”，在 body 里面打印出“Hello,JSP!”字样，如图 1-17 所示。

```
myFirst.jsp
<%@ page language="java" contentType="text/html ; charset=ISO-8850-1"
    pageEncoding="UTF-8"%>
<!DOCTYPE html PUBLIC "-//W3C//DTD HTML 4.01 Transitional//EN" "http://www.w3.org/
<html>
<head>
<meta http-equiv="content-Type" content="text/html ; charset=ISO-8850-1">
<title>第一个JSP页面</title>
</head>
<body>
<%out.println("Hello,JSP!"); %>
</body>
</html>
```

图 1-17 JSP 文件代码

(6) 保存 JSP 文件后开始项目的部署工作，选择 Windows 下面的属性(Preferences)，随后选择 Server Runtime Environment，单击右侧 Add 按钮添加服务器(Tomcat)，如图 1-18 所示。

(7) 选择添加 Apache Tomcat v8.0 之后单击 Next 按钮，随后单击 Browse 按钮选择 Tomcat 的安装目录，最后单击 Finish 按钮完成添加，图 1-19 所示。

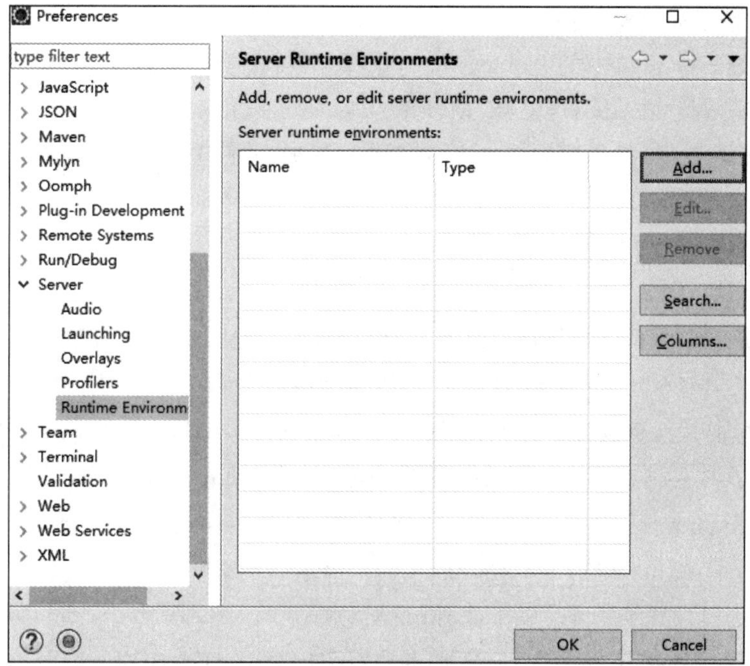

图 1-18 Eclipse Preferences 界面

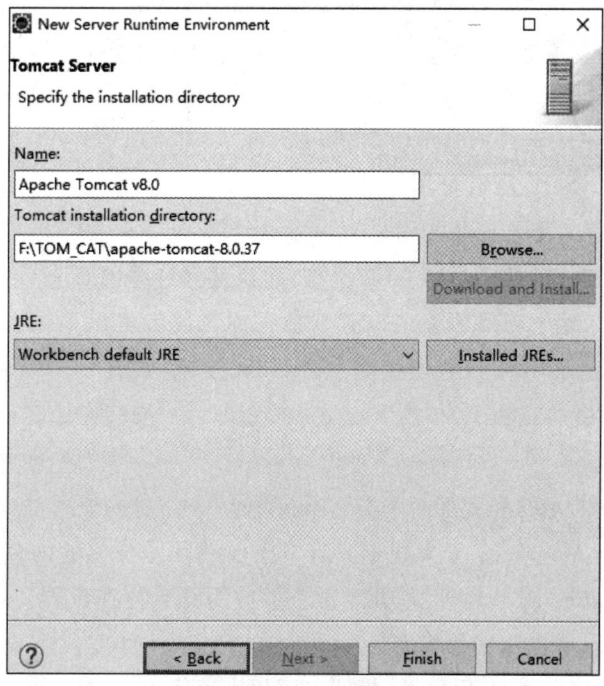

图 1-19 添加 Tomcat 界面

(8) 下面要把项目发布到 Tomcat 服务器上面。右击 Server 窗口中的 Tomcat 8.0，选择 Add and Remove 选项，在跳出的窗口中选中项目 MyFirstWebProject，单击 Add 按钮，然后单击 Finish 按钮完成发布。

(9) 右击 Server 窗口中的 Tomcat 8.0,选择 start 选项便可启动 Tomcat 服务器,打开浏览器输入 http://localhost:8088/MyFirstWebProject/myFirst.jsp,可以看到“Hello,JSP!”显示在页面上了,至此我们已经完成了第一个 Web 项目。

1.4.4 安装数据库 MySQL

MySQL 是一个关系型数据库管理系统,由瑞典 MySQL AB 公司开发,目前属于 Oracle 公司旗下产品。MySQL 是目前最流行的关系型数据库管理系统,在 Web 应用方面 MySQL 是最好的关系数据库管理系统(Relational Database Management System,RDBMS)应用软件之一。软件下载地址是 http://dev.mysql.com/downloads/mysql。

(1) 双击安装文件,在如图 1-20 所示的安装页面 License Agreement 设置中选中 I accept the license terms,单击 Next 按钮。

(2) 随后选择设置类型 ,有以下 5 种设置类型。

① Developer Default:安装 MySQL 服务器以及开发 MySQL 应用所需要的工具。工具包括开发和管理服务器的 GUI 工作台、访问操作数据的 Excel 插件、与 Visual Studio 集成开发的插件、通过 NET/Java/C/C++ /OBDC 等访问数据的连接器、例子和教程、开发文档。

② Server only:仅安装 MySQL 服务器,适用于部署 MySQL 服务器。

③ Client only:仅安装客户端,适用于基于已存在的 MySQL 服务器进行 MySQL 应用开发的情况。

④ Full:安装 MySQL 所有可用组件。

⑤ Custom:自定义需要安装的组件。

MySQL 默认选择 Developer Default 类型,建议选择纯净的 Server only 类型,减少对工具的依赖,可以更深入地学习和理解 MySQL 数据库。读者可以根据自己的需求选择合适的类型,这里选择 Server only 设置类型后单击 Next 按钮,如图 1-20 所示。

(3) 接下来就要启动安装了,单击 Execute 按钮即可。安装完成之后,单击 Next 按钮进入配置页面。

(4) 在如图 1-21 所示的配置页面单击 Config Type 的下拉列表框,显示有以下 3 种类型。

① Development Machine:开发机器,MySQL 会占用最少量的内存。

② Server Machine:服务器机器,几个服务器应用将运行在机器上,适用于作为网站或应用的数据库服务器,会占用中等内存。

③ Dedicated Machine:专用机器,机器专门用来运行 MySQL 数据库服务器,会占用机器的所有可用内存。

根据自己的用途选择相应的类型配置,如果仅仅是用来学习,那么可以选择 Development Machine 类型。常用的是 TCP/IP 连接,选中该选项框,默认端口号是 3306,

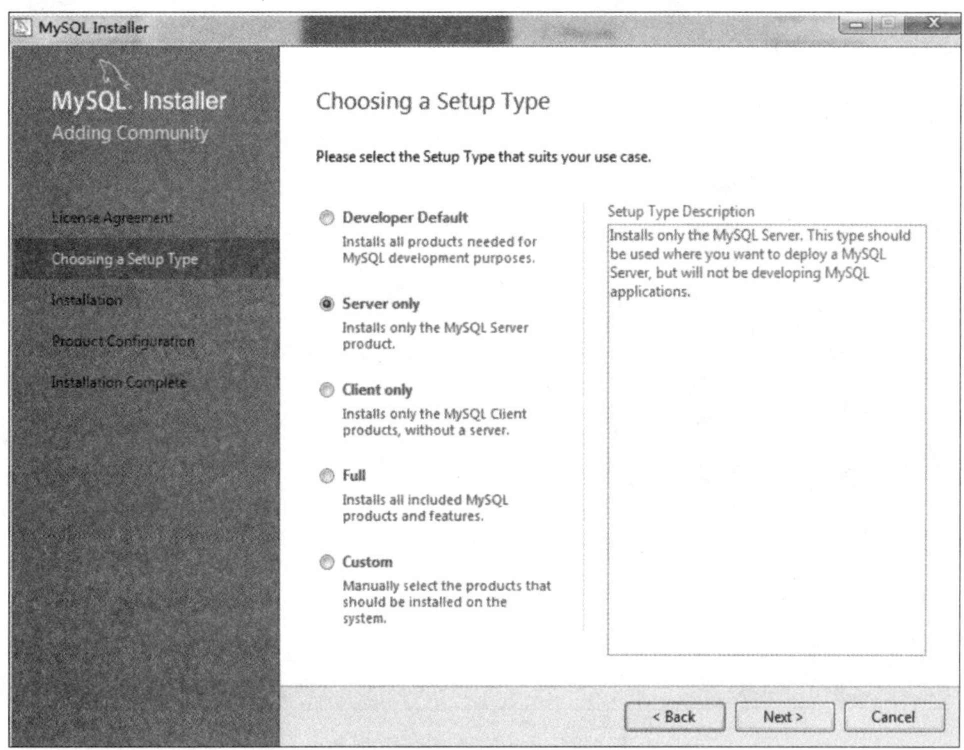

图 1-20 MySQL 安装页面 1

可以在输入框中更改端口号。若数据库只在本机使用，可以选中 Open Firewall port for network access 选项来打开防火墙，若需要远程调用则不要选中。下面的 Named Pipe 和 Shared Memory 选项是进程间的通信机制，一般不选中。Show Advanced Options 是用于在后续步骤配置高级选项，为尽可能多地了解 MySQL 的可配置项，这里选中该选项框。单击 Next 按钮进入下一步。

(5) 接下来就是设置账户，进入到 MySQL 的账户和角色配置的界面。Root 账户拥有数据库的所有权限，在密码框中输入自己设置的密码，如图 1-22 所示。

(6) 下面配置 Windows Service，将 MySQL 服务配置成 Windows 服务后，MySQL 服务会自动地随着 Windows 操作系统的启动而启动，随着操作系统的停止而停止，这也是 MySQL 官方文档建议的配置。Windows Service Name 可设置为默认值，只要与其他服务不同名即可。在 Windows 系统中，基于安全考虑，MySQL 服务需要在一个给定的账户下运行，选择默认的 Standard System Account 即可。保持默认配置后单击 Next 按钮，如图 1-23 所示。

(7) 因为在前面的第(4)步中选中了 Show Advanced Options 选项，所以出现如图 1-24 所示的高级选项配置，但是一般情况都选择默认选项，直接单击 Next 按钮跳过。经过上述配置之后，MySQL 数据库已基本配置完成，单击 Execute 按钮执行配置项。等待出现 Finish 按钮表示安装成功，如图 1-24 所示。

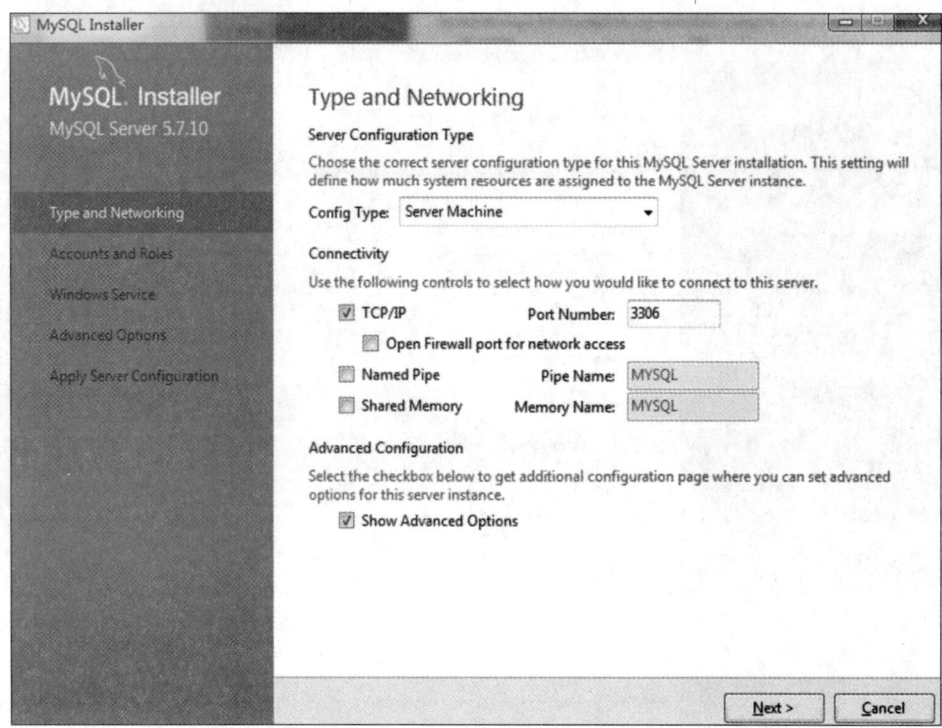

图 1-21　MySQL 安装页面 2

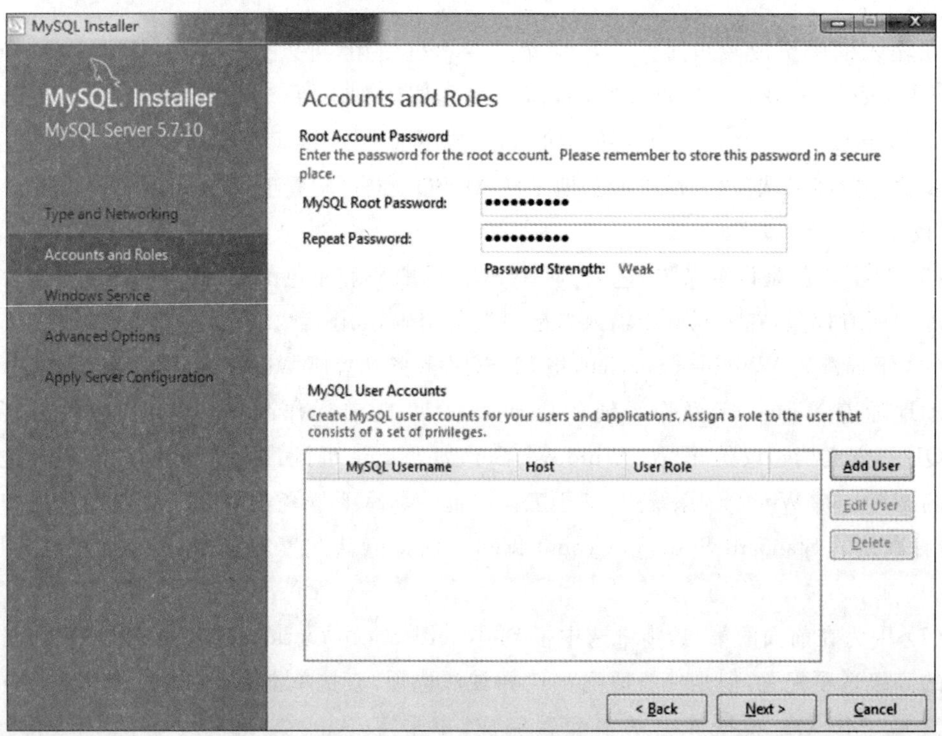

图 1-22　MySQL 安装页面 3

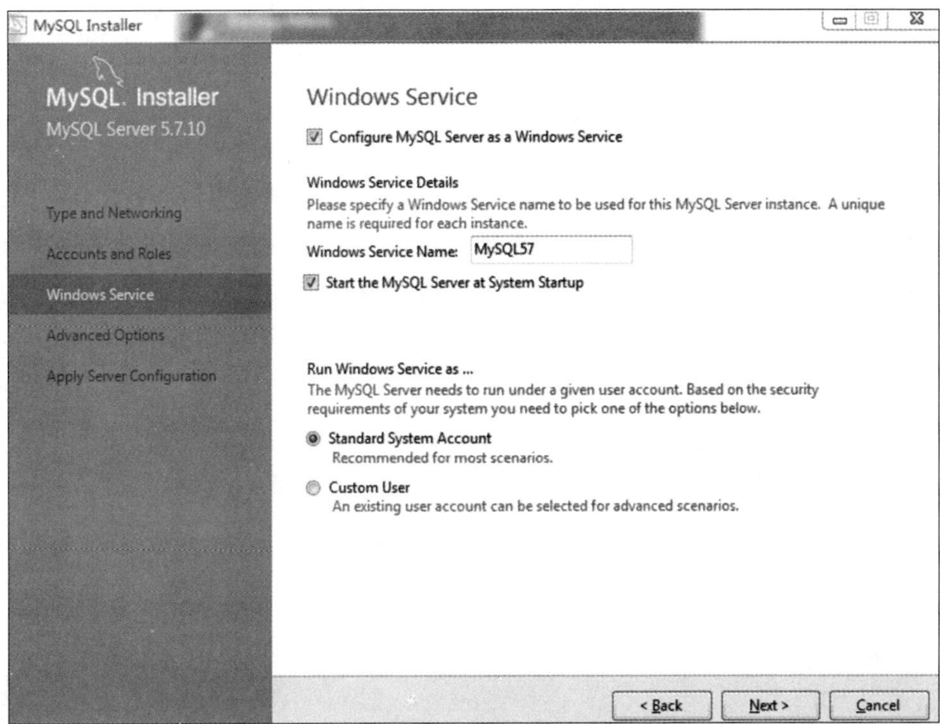

图 1-23　MySQL 安装页面 4

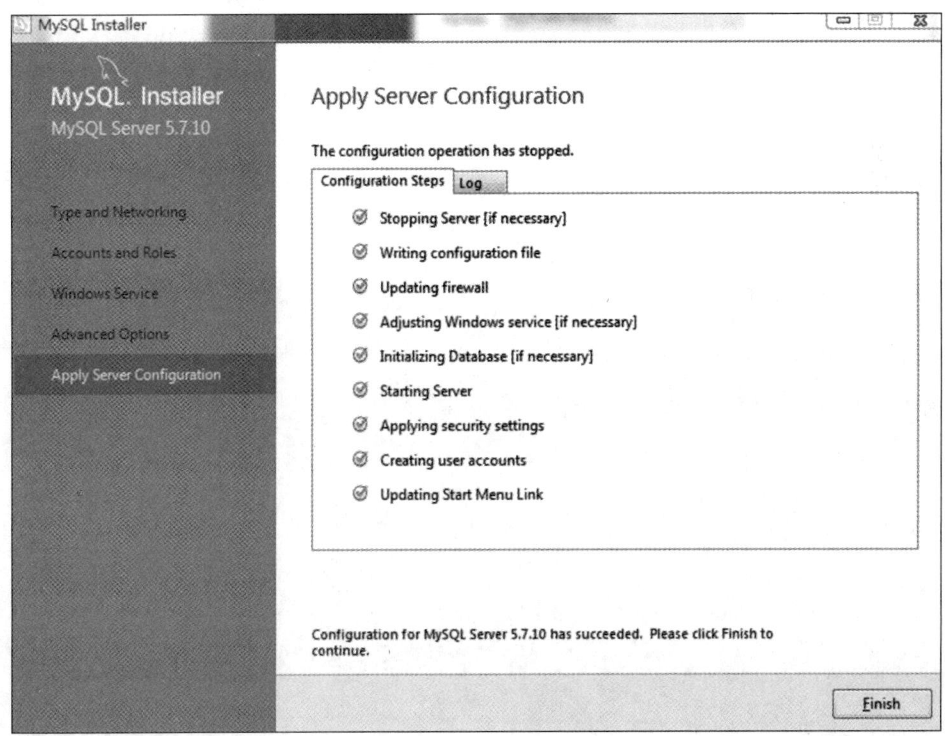

图 1-24　MySQL 安装页面 5

1.5 本章小结

本章简要介绍了 B/S 应用程序的相关知识，并对 3 种动态网页技术进行了比较，本章还介绍了开发环境以及具体的搭建步骤。通过本章的学习，读者已经可以搭建出一个集成开发环境，以满足后面的学习和开发需要。目前，适合本书读者使用的开发工具很多，它们各具特色，读者可以根据自身需要选择适合自己的开发环境。在熟练使用这些工具之后，开发效率将会大大提高。

第2章 Servlet、JSP基础

Servlet 与 JSP 是 Java Web 开发中重要的应用组件。本章首先介绍 Servlet 的基本概念、特点、生命周期等基础知识，并且通过例子告诉读者如何编写和部署自己的 Servlet；然后介绍 JSP 技术的基础知识以及与 Servlet 技术的区别与联系；最后提出基于 JSP+Servlet 的 MVC 开发思想。

2.1 Servlet 技术基础

2.1.1 Servlet 的发展历史及技术特点

正如第1章所述，Servlet 是先于 JSP 的一种服务器端技术，JSP 也是最终被服务器转换为一个 Servlet。在该技术出现以前，服务器端技术采用 CGI 技术。CGI 全称是“公共网关界面”(Common Gateway Interface)，实际上是 HTTP 服务器与计算机其他程序进行“交谈”的一种工具，程序需运行在网络服务器上，是最早的动态网页技术之一。绝大多数的 CGI 程序被用来解释处理来自表单的输入信息，并且在服务器产生相应的处理，或者将相应的信息反馈给浏览器。CGI 程序使网页具有交互功能，主要用 Perl、Shell Script 或 C 语言编写。

CGI 程序最初在 UNIX 操作系统上的 CERN 或 NCSA 格式的服务器上运行。在其他操作系统(如 Windows NT 等)的服务器上也广泛地使用 CGI 程序，同时 CGI 程序也适用于各种类型的机器。CGI 处理步骤如下：

(1) 通过 Internet 把用户请求送到服务器。

(2) 服务器接收用户请求并交给 CGI 程序处理。

(3) CGI 程序把处理结果传送给服务器。

(4) 服务器把结果送回到用户。

CGI 技术开启了动态 Web 应用的时代，给这种技术带来了无限的可能性。但是，CGI 技术存在很多缺点，主要缺点有：①CGI 应用开发比较困难，因为它要求程序员有处理参数传递的知识，这不是一种通用的技能；②CGI 不可移植，为某一特定平台编写的 CGI 应用只能运行于这一种环境中；③每一个 CGI 应用存在于一个由客户端请求激活的进程中，并且在请求被服务后被卸载。这种模式将引起很高的内存和 CPU 开销，而且在同一进程中不能服务多个客户。到 1997 年时，随着 Java 语言的广泛使用，Servlet 技术迅速成为动态 Web 应用的主要开发技术。

Servlet 是一种独立于平台和协议的服务器端的 Java 应用程序，与传统的从命令行启动的 Java 应用程序不同，Servlet 本身没有 main()方法，不是由用户或程序员调用，而是由另外一个应用程序——容器(如 Tomcat)所调用和管理，用于生成动态的内容。实际上就是按照 Servlet 规范编写一个 Java 类。Servlet 被编译为平台中立的字节码，可以被动态地加载到支持 Java 技术的 Web 服务器中运行。简单地说，Servlet 是在服务器上运行的小应用程序。

Servlet 可以完成和 CGI 相同的功能，其工件原理也类似，但是具有下列优点：

(1) 由于内置对象(request、response、session、application 及 out 等)的支持，ServletAPI 的应用，不需要处理参数传递及解析，使开发过程变得容易。

(2) Servlet 提供了 Java 应用程序的所有优势——可移植、稳健、易开发。使用 Servlet Tag 技术，Servlet 能够生成嵌于静态 HTML 页面中的动态内容。

(3) Servlet 对 CGI 的主要优势在于一个 Servlet 被客户端发送的第一个请求激活，然后它将继续运行于后台，等待以后的请求。每个请求将生成一个新的线程，而不是一个完整的进程。多个客户能够在同一个进程中同时得到服务。一般 Servlet 进程只是在 Web Server 卸载时被卸载。

综上所述，由于 Servlet 具有开发简单、跨平台、功能强大、多线程、安全性好等特点，所以 Servlet 技术自出现以来，已经逐渐成为 Web 开发的主流技术之一，也成为电子商务系统开发的标准技术之一。

2.1.2 Servlet 的主要功能、运行过程及生命周期

1. Servlet 的主要功能

在 Servlet 技术体系中，用户创建的 Servlet 是通过 HttpServlet 派生的。一般情况下，由于 HttpServlet 类拥有了 B/S 服务的功能，所以在没有特殊要求的情况下，用户的 Servlet 不必扩展自己的其他方法，只要对父类的某些方法(如 doGet 和 doPost 方法等)进行重写以满足每个 Servlet 特定的请求/响应要求即可。

HttpServlet 的主要方法有 init()、destroy()、service()、doGet()、doPost()等。

(1) init()方法：在 Servlet 的生命期中，仅执行一次 init()方法。它是在服务器装入 Servlet 时执行的。默认的 init()方法通常是符合要求的，但也可以用定制 init()方法来覆盖它，典型的用法是管理服务器端资源。例如，编写一个定制的 init()来完成只用于一次的

GIF 图像装入。

(2) destroy()方法：destroy()方法仅执行一次，即在服务器卸下 Servlet 时执行该方法。默认的 destroy()方法通常是符合要求的，但也可以覆盖它，典型的用法是管理服务器端资源。例如，如果要在 Servlet 运行时统计累计数据或者释放系统资源(如数据库连接资源等)，则可以重写 destroy()方法。

(3) service()方法：Service 方法是 Servlet 的核心。每当一个客户请求一个 HttpServlet 对象，该对象的 service()方法就要被调用，而且系统把两个参数传递给这个方法，一个是请求(ServletRequest)对象，另一个是响应(ServletResponse)对象。service()方法的结构如下：

```
public void service(HttpServletRequest request, HttpServletResponse response)
throws  java.io.IOException, ServletException {
    …
    if(是 get 请求)doGet(request, response);
    else if(是 post 请求)doPost(request, response);
    else if(其他请求){…}
        …}
```

需要注意的是，request 和 response 内置对象是由容器自动生成的。

以上 3 种方法，用户直接继承，不必重写(有特殊情况例外)。

对于 do 方法(如 doGet()、doPost()等方法)，用户必须重写，以便处理 get 或 post 等类型请求。这是用户编写 Servlet 程序的核心。

2. Servlet 的运行过程与生命周期

Servlet 没有 main()方法，它们受控于另一个被称为容器的 Java 应用程序。Tomcat 就是一个常用的 Servlet 容器。当 Web 服务器应用得到一个指向 Servlet 的请求时，服务器不是把这个请求交给 Servlet 本身，而是交给部署该 Servlet 的容器，由容器向 Servlet 提供 HTTP 请求和响应，而且要由容器调用 Servlet 的方法。所以，要理解 Servlet 的运行过程与生命周期，必须首先要理解容器的作用。

一般情况下，Servlet 容器具有以下功能(详细内容可以参照各容器的技术参考文档)：

(1) 容器提供了各种方法，可以轻松地让 Servlet 与 Web 服务器对话。用户不用自己建立 ServletSocket、监听某个端口、创建流等，只需考虑如何在 Servlet 中实现业务逻辑。

(2) 容器控制着 Servlet 的生命周期，它负责加载、实例化和初始化 Servlet，并且调用 Servlet 方法以及销毁 Servlet 实例。

(3) 容器会自动地为它所接收的每个 Servlet 请求创建一个新的 Java 线程，如果 Servlet 已经运行完相应的 HTTP 服务方法，则由容器结束该线程。因此，容器支持多线程的管理。

(4) 利用容器可以使用 XML 部署描述文件来配置和修改安全性，而不必将其硬编码写到 Servlet 类代码中。

(5) 容器负责将一个 JSP 文件转译成一个 Servlet。

通过分析不难发现,Servlet 的运行过程与生命周期实际上是由容器来控制的。假设容器为 Tomcat,发生一个 HTTP 请求,这个请求可以是用户表单提交或单击了一个链接等。以下详细描述 Servlet 的运行过程,其运行示意图如图 2-1 所示。

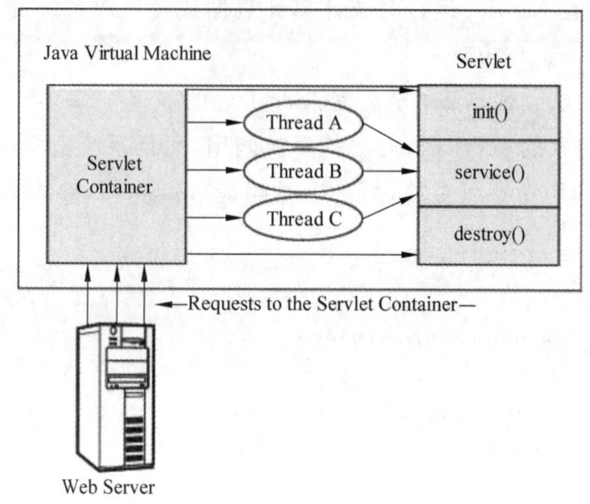

图 2-1 Servlet 运行示意图

(1) Tomcat 主线程对转发来的用户的请求做出响应,并创建两个对象:HttpServlet Request 类的实例 request 和 HttpServletResponse 类的实例 response。

(2) 根据请求中的 URL 找到正确的 Servlet(这个工作依据系统的配置文件完成),Tomcat 为其创建或者分配一个线程(如果是第一次请求该 Servlet,则为创建;如果是第二次及以后请求该 Servlet,则为分配),同时把创建的两个内置对象传递给该线程。

(3) Tomcat 调用 Servlet 的 service()方法,该方法根据请求参数、请求类型的不同调用 doGet()、doPost()或者其他方法。

(4) 执行 do()方法,生成静态资源,并把信息组合到响应对象里。

(5) Servlet 线程运行结束,Tomcat 将响应对象转换为 HTTP 响应发回给客户,同时删除请求和响应对象。

由此可见,Servlet 的生命周期包括加载和实例化、初始化、服务和销毁过程。其中,加载和实例化过程只有一次(调用 init()方法),这个过程可能是 Tomcat 容器启动时执行,也可能是第一次访问该 Servlet 执行,这主要取决于容器的配置文件。服务过程(对每一次请求调用 service()方法)是不受限制的,每次服务过程就是一个 Servlet 线程的运行过程。当容器(Tomcat)关闭时,执行 destroy()方法,销毁 Servlet 实例。但是,也可能由于 Servlet 本身的变化而提前执行,不过 Servlet 的生命周期不长于容器的生命周期。

2.1.3 开发部署一个 Servlet

开发部署一个 Servlet 并不难,主要由设计开发和部署两部分构成。

下面是名为 SimpleServlet 的 Servlet 源代码，它只有一个功能：在网页上显示"一个简单的 servlet"。

```
SimpleServlet.java
package servlet;
import java.io.*;
import javax.servlet.ServletException;
import javax.servlet.http.*;
public class SimpleServlet extends HttpServlet {
public SimpleServlet(){super();}
public void doGet(HttpServletRequest request, HttpServletResponse response)
        throws ServletException, IOException {
    response.setContentType("text/html;charset=GB2312");
    PrintWriter out=response.getWriter();
    out.println("<HTML>");
    out.println("  <HEAD><TITLE>A SimpleServlet</TITLE></HEAD>");
    out.println("  <BODY>");
    out.print(" 一个简单的 servlet ");
    out.println("  </BODY></HTML>");
    out.flush();
    out.close();
}
public void doPost(HttpServletRequest request, HttpServletResponse response)
        throws ServletException, IOException {    doGet(request,response);
    }
}
```

正如上面代码所示，用户开发的 Servlet 一般直接继承 HttpServlet，构造函数是直接调用父类构造函数，也并不重写其他方法，一般只重写 doGet()和 doPost()方法。如果这两种请求的响应一致，则 doPost()方法的内容也很简单。从上面的例子不难发现，Servlet 完成客户端的静态部分(HTML 内容)，采用 out.println()方法直接输出来实现，这是 Servlet 最糟糕的方面之一，这种做法很原始。如果 HTML 再复杂一点，不难想象其代码有多复杂。

用任意一个 JavaIDE 都可以完成一个 Servlet 的编写和编译，本书推荐 Eclipse 或 MyEclipse。用户编写完成后，还需要部署到 Servlet 容器(Tomcat)中，以便容器能管理用户的 Servlet，实现 B/S 服务。同样，一个 JSP 文件也需要部署到 Tomcat 的相应目录下。

部署过程有两种方法，如果用户使用 Web 集成开发环境 IDE(如 Eclipse 或 MyEclipse)等，则在编写 Servlet 过程中，IDE 会自动地帮助用户完成部署过程，这个过程实际上完成了两件事，即把 Servlet 放到 Tomcat 指定的目录，并且自动地完成对 Web. xml 文件的修改。用户也可以自己动手完成这两项工作。

部署工作的关键部分是修改 Web. xml 文件，该文件的主要作用是确定用户请求和特定的 Servlet 的对应关系。每个工程项目都有一个 Web. xml 文件，该 Web. xml 文件的路径为：Tomcat 安装目录\webapps\工程项目名\WEB-INF。在默认情形下，代码如下所示：

```
<?xml version="1.0" encoding="UTF-8"?>
<web-app version="2.4"xmlns="http://java.sun.com/xml/ns/j2ee"
    xmlns:xsi="http://www.w3.org/2001/XMLSchema-instance"
    xsi:schemaLocation="http://java.sun.com/xml/ns/j2ee
    http://java.sun.com/xml/ns/j2ee/web-app_2_4.xsd">
    <welcome-file-list>
        <welcome-file>index.jsp</welcome-file>
    </welcome-file-list>
</web-app>
```

以手动为例，用户先把编译好的 SimpleServlet. class 文件放到 Tomcat 安装目录（如 C:\webapps\工程项目名\WEB-INF 下\classes\servlet（包名）\下，然后修改文件，其代码如下：

```
<?xml version="1.0" encoding="UTF-8"?>
<web-app version="2.4"xmlns="http://java.sun.com/xml/ns/j2ee"
    xmlns:xsi="http://www.w3.org/2001/XMLSchema-instance"
    xsi:schemaLocation="http://java.sun.com/xml/ns/j2ee
    http://java.sun.com/xml/ns/j2ee/web-app_2_4.xsd">
    <welcome-file-list>
        <welcome-file>index.jsp</welcome-file>
    </welcome-file-list>
    <servlet>
        <servlet-name>SimpleServlet</servlet-name>
        <servlet-class>servlet.SimpleServlet</servlet-class>
    </servlet>
    <servlet-mapping>
        <servlet-name>SimpleServlet </servlet-name>
        <url-pattern>/hello</url-pattern>
    </servlet-mapping>
</web-app>
```

默认的 Web. xml 有一个<welcome-file-list>标签，用于欢迎页面设置（如果没有用到集成 IDE，这个元素也没有）。需要用户增加的内容共有两个部分：第一个是元素<servlet>，主要用来配置用户 Servlet 与具体的 Servlet 对象的关系；第二元素是<servlet>，主要用来配置客户请求的 URL 与 Servlet 对象的映射关系。通过这样配置，当客户端浏览器发来/hello 的请求时，Tomcat 自动交由 SimpleServlet 进行处理，通过 SimpleServlet 就能找到相对应的 Servlet 对象 servlet. SimpleServlet，这也是配置文件的意义所在。

启动 Tomcat，启动浏览器，输入 http://localhost:8080/工程项目名/hello，则页面显示：“一个简单的 servlet”。

2.2 JSP 技术基础

2.2.1 JSP 基础

JSP 即 Java Server Pages(Java 服务器页面),它和 Servlet 技术一样,都是 Sun 公司定义的一种用于开发动态 Web 资源的技术。JSP 代码类似 HTML,它实际上是由 HTML+Java 代码构成,当用户访问 JSP 页面时,先执行 Java 代码,其结果连同其他 HTML 部分发回给客户端的浏览器。所以,JSP 页面和 Servlet 一样,有两大功能:①界面功能(HTML);②业务逻辑处理功能(Java 代码)。

例如,test.jsp 代码如下:

```
test.jsp
<%@page language="java" import="java.util.*" pageEncoding="ISO-8859-1"%>
<!DOCTYPE HTML PUBLIC "-//W3C//DTD HTML 4.01 Transitional//EN">
<html>
  <head>
  </head>
  <body>
    <p>This is my JSP page. </p>
<%int x=4;int y=5;
  out.println("x+y="+(x+y));
  %>
  </body>
</html>
```

服务器处理后,客户端浏览器收到的内容:

```
<!DOCTYPE HTML PUBLIC "-//W3C//DTD HTML 4.01 Transitional//EN">
<html>
  <head>
  </head>
  <body>
    <p>This is my JSP page. </p>
    x+y=9;
  </body>
</html>
```

2.2.2 JSP 运行原理

当用户首次访问 JSP 页面时,服务器首先将该 JSP 页面转变为一个 Servlet,该 Servlet

是 HttpServlet 的子类，放在\tomcat 主目录\work\catalina\localhost\工程名\org \apache\jsp 目录下，这是服务器的工作目录。打开相应的 Servlet 可以看到，其实 JSP 就是一个 Servlet，访问 JSP 页面即访问一个 Servlet。

进一步分析由 JSP 转变后的 Servlet，重点观察_jspService(request, response)，它实际等同于一般 Servlet 类的 service()方法，在该方法中，JSP 中的 HTML 代码会通过 out 输出，而 Java 部分代码会原封不动地搬到该方法中。以上面的 test.jsp 为例，在 Tomcat 的相关目录中，找到相应的 Servlet，如下所示：

```
public final class test_jsp extends org.apache.jasper.runtime.HttpJspBase
implements org.apache.jasper.runtime.JspSourceDependent {
…
public void _jspService (HttpServletRequest request, HttpServletResponse
response)throws java.io.IOException, javax.servlet.ServletException {
…
out.write("<!DOCTYPE HTML PUBLIC "-//W3C//DTD HTML 4.01 Transitional//EN">");
out.write("<html>\r\n");
…
int x=4;int y=5;
out.println("x+y="+(x+y));     //JSP 中的 Java 代码;
…
}}
```

另外，Web 服务器在将 JSP 转变成 Servlet 时，会在该方法中提供 Web 开发所需的所有的内置对象，包括 session、out、config 等。所以，在 JSP 页面开发中，用户可以直接使用这些对象。

JSP 程序运行过程如图 2-2 所示。

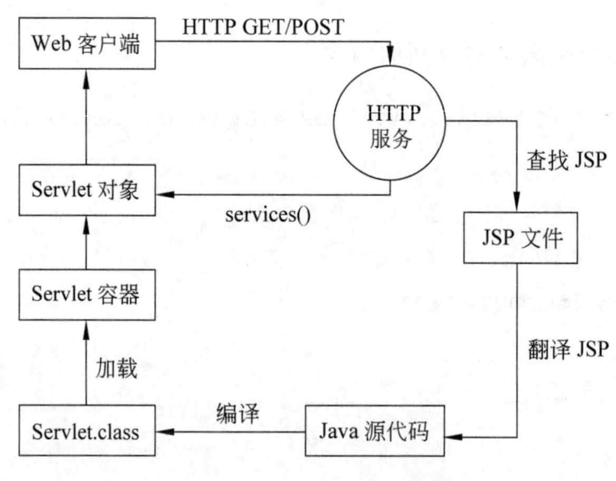

图 2-2　JSP 程序运行过程

说明：当用户第一次访问 JSP 页面时，服务器会把 JSP 文件转变成 Java 类，编译成相应的 class 文件，放置到相应的文件目录(Servlet 容器)中，并执行 services()方法，把结果发回客户端。当第二次访问相同的 JSP 页面时，就直接执行相关 Servlet 中的 services()方法。所以，访问 JSP 页面时，第一次的访问速度相对较慢。

2.2.3 开发、运行 JSP 程序

1. JSP 页面的基本语法

下面来看一个完整的 JSP 页面，该页面包括 JSP 页面大多数的结构元素，具体代码如下：

```
test2.jsp
<%@page contentType="text/html;charset=GB2312" %>
<HTML>
    <BODY BGCOLOR=cyan><FONT size=5>
    <%! int number=0;
        synchronized void countPeople()
        { number++;}
    %>
    <%countPeople();                    //在程序片中调用方法
     %>
    <P><P>您是第<%=number%>个访问本站的客户。
    </BODY>
</HTML>
```

下面对上述代码作简要说明：

<%@…%>是指令标签 page 指令。

<%!…%>是 JSP 脚本元素，声明类变量、方法等。在该标签中声明的变量、方法为相关 Servlet(JSP 页面转变后)的类变量和类方法，利用它可以实现线程共享。

<%…%>是 JSP 脚本元素，脚本小程序。在该标签中的代码为相关 Servlet(JSP 页面转变后)的 services()方法中的内容。

<%=number%>是 JSP 表达式。相当于：先求 Java 表达式 number 的值，然后执行 out.println()方法，并以文本方式把值显示出来。

除此以外，JSP 文件还包括指令标签和动作元素。

2. JSP 指令标签

指令(Directives)标签主要用来提供整个 JSP 网页相关的信息，并且用来设定 JSP 网页的相关属性。例如，网页的编码方式、语法、信息等。起始符号为"<%@"，终止符号为"%>"。每个指令标签可以有多个属性，其基本语法如下：

```
<%@directive attribute1="value1" [attribute2="value2"] … %>
```

在 JSP 1.2 的规范中，有 3 种指令：page、include 和 taglib，每一种指令都有各自的属性。有兴趣的读者可以参考相关文献。

3. JSP 动作元素

在 JSP 2.0 的规范中，主要有 20 项动作元素，常用的动作元素有：<jsp:useBean>、<jsp:setProperty>、<jsp:getProperty>、<jsp:include>、<jsp:forward>、<jsp:param>、<jsp:plugin>、<jsp:params>和<jsp:fallback>。其中，<jsp:useBean>、<jsp:setProperty>、<jsp:getProperty>都用来存取业务组件 JavaBean。有兴趣的读者可以参考相关文献。

4. 部署与运行

用 IDE 开发一个 JSP 页面后，部署到"\tomcat 主目录\webapps\工程名\"即可。

运行时，在浏览器中的 URL 中输入"127.0.0.1:8080/工程名/test.jsp"即可运行。

2.2.4 JSP 与 Servlet 技术比较

正如前面所述，JSP 技术开发容易且功能强大。实际上，JSP 技术拥有 Servlet 技术所具有的所有功能。Servlet 技术能实现的，JSP 技术也能做到，只不过在实现的方法和手段上有所区别。表 2-1 对这两种技术进行了比较。

表 2-1 JSP 与 Servlet 两种技术比较

两种技术	静态页面其他客户端技术	JavaBean 或其他 Java 组件	内置对象
JSP	用 HTML 等脚本语言，可借助第三方软件(网页制作)，支持 JS 等客户端技术。功能强大	用指令标签<jsp:useBean>支持 JavaBean，可在页面内通过<%%>和<%!%>定义及使用 Java 组件	支持
Servlet	用编程方式实现，得不到第三方软件支持	由于 Servlet 本身就是一个 Java 类，因此，它与其他 Java 组件的集成是无缝的，比 JSP 功能更强	支持

读者也许会问，从表 2-1 不难得出，JSP 技术可以完全替换 Servlet 技术，甚至在某些方面还比 Servlet 技术强大，是不是无须再介绍 Servlet 技术？关于这个问题，将在后面的章节中详细讨论。实际上，在 JSP 技术出现之前，Servlet 技术能够完成之后 JSP 技术的工作，但它在某些方面(如界面生成)的表现的确不尽如人意。在目前主流的 Web 开发模式中，这两种技术，谁也代替不了谁，各自发挥着自己的作用。

2.3 MVC 架构模式

2.3.1 MVC 基本思想

MVC 的全称为 Model-View-Controller，即把一个应用的输入、处理、输出流程按照模

型(Model)、视图(View)和控制(Controller)的方式进行分离,这样一个应用被分成3个层——模型层、视图层、控制层,简称MVC,它是一种软件体系结构。

MVC思想,其实并不是软件设计,更不是Web应用系统的专利。在工程设计、生产管理甚至日常生活中,到处都有体现这种思想的例子。

【例2-1】 工程设计模式——汽车架构。

V:各类仪表(包括速度表、油表等)。M:发动机、动力传递系统等。C:油门、刹车等。当事件(踩油门)发生,导致M层工作(转速增大),最后在仪表中得以体现。这种工作模式实际上是:C-M-V模式。

【例2-2】 生产管理模式——服装厂。

V:各类生产报表。M:生产线。C:生产指令。显然,它也是一种C-M-V模式。

气象现象实际上是一种M-V模式,M指的是地球(包括大气、海洋等)本身运动规律。V指的是当天的温度、湿度、风速等。当然,如果加上C层,就成了人为控制气象了,例如人工增雨作业。

当然,MVC模式也广泛地应用于各类软件设计。MVC应用程序总是由这3个部分组成。而且往往是Event(事件)导致Controller改变Model或View,或者同时改变两者。只要Controller改变了Models的数据或者属性,所有依赖的View都会自动更新。类似地,只要Controller改变了View,View就会从潜在的Model中获取数据来刷新自己。MVC模式最早是Smalltalk语言研究团提出的,应用于用户交互应用程序中,并不是仅仅针对Web项目的。具有窗口风格的桌面应用程序,大都是MVC模式软件。

就以常用的Microsoft Word为例。如果从设计者的角度来看这个软件的结构,显然V层是用户唯一可见的,也就是用户打开Word时所看到的图形界面,它包括用于输入的各类界面,即可以操作的按钮及菜单等。M层,用户不可见,对于某一个文档,它都有相应的模型保存了诸如文本内容、字体的大小、背景色、纸张大小等信息,以确保用户每次打开文档时都能正确显示。此外,Model还要定义一些规则。例如,当用户添加、删除某些文本、改变了背景色时,此文档的模型则发生相应的变化。对于Controller,用户不可见,它的作用就是管理Model及View之间的交互。用户在键盘上输入了某个字符,用鼠标选取了某个菜单项,这样的动作并不是直接就传送给了屏幕上的界面,而是作为一个请求发送给了Model。Model针对这一请求发生相应的变化,变化的信息再由Controller返回给View,这时才看到操作的结果。它是由事件来触发M层的方法,实现视图的改变。

综上所述,MVC开发模式,实际上是软件体系结构的一种模式,其基本思想是基于软件分层和面向对象的设计理念,最终目的是提高软件系统的共享和可维护性。

2.3.2 Java Web中的MVC

早在20世纪70年代,IBM公司就推出了Sanfronscisico项目计划,其实就是MVC设计模式的研究。近年来，随着 J2EE 的成熟，它正在成为在 JavaEE 平台上推荐的一种设计模型，也是广大 Java 开发者非常感兴趣的设计模型。MVC 模式也逐渐在 PHP 和 ColdFusion 开发者中运用，并有增长趋势。随着网络应用的快速增加，MVC 模式对于 Web 应用的开发，无疑是一种非常先进的设计思想，无论选择哪种语言，无论应用有多复杂，MVC 模式都能为理解、分析应用模型提供最基本的分析方法和工具，为构造产品提供清晰的设计框架，为软件工程提供规范的依据。

在 Web 应用项目中，MVC 的定义是区别于其他软件系统的（如桌面窗口程序）。下面针对基于 JavaEE 的 Web 项目作出说明。

（1）视图（View）：视图代表用户交互界面，可以概括为浏览器界面，一般特指 JSP 页面，但有可能为 XHTML、XML 页面等。随着应用的复杂性和规模性提高，界面的处理也变得越来越具有挑战性。一个应用可能有很多不同的视图，MVC 设计模式对于视图的处理仅限于视图上数据的采集和处理以及用户的请求，而不包括在视图上的业务流程的处理。业务流程的处理交给模型处理。例如，一个订单的视图只接收来自模型的数据并显示给用户，并且将用户界面的输入数据和请求传递给控制和模型。

（2）模型（Model）：模型就是业务规则的制定、业务流程的实现等与业务需求有关的系统设计。也即是说，Model 是与系统所应对的领域（Domain）逻辑有关，很多时候也将业务逻辑层称为领域层。它可以是 JavaBean，可以是普通 Java 类，也可以是 EJB。一个设计良好的 M 层往往具有标准的应用接口和可重用性。实际上，在具体项目开发中，往往会采用成熟的组件，使得开发效率大大提高。模型层在 Web 项目中，独立性最高，一般情况下，模型返回的数据不带任何显示格式，因此在 JavaEE 项目中，不建议 V 层直接调用 M 层。也就是说，前几章说明的开发模式（JSP＋JavaBean）在 MVC 模式中是不推荐的。

业务模型还有一个很重要的模型——数据模型。数据模型主要指实体对象的数据保存（持久化）。例如，将一张订单保存到数据库，从数据库获取订单。我们可以将这个模型单独列出，所有有关数据库的操作只限制在该模型中。该模型为 DAO 层（数据库访问层）。

（3）控制（Controller）：控制可以理解为从用户接收请求，将模型与视图匹配在一起，共同完成用户的请求。划分控制层的作用也很明显，它清楚地告诉用户，它就是一个分发器，选择什么样的模型，选择什么样的视图，可以完成什么样的用户请求。控制层一般不做任何的数据处理。例如，用户单击一个连接，控制层接受请求后并不处理业务信息，它只把用户的信息传递给模型，告诉模型做什么，并根据模型的计算结果，选择符合要求的视图返回给用户。因此，一个模型可能对应多个视图，一个视图可能对应多个模型，当中完全由控制层来联系。

在 JavaEE 中，Servlet 担当了控制层的作用，显然，它是最合适的选择。因为 Servlet 利用内置对象可以方便地与视图层（JSP 页面）进行数据通信（获取用户提交的信息、转发 JSP 页面相关数据以及进行页面重定向等），而且，由于 Servlet 本身就是一个 Java 类，所以与 M 层（JavaBean、Java 类）的联系是无缝的。因此，Servlet 担当了一个 M 层与 C 层的桥梁作用。

综上所述，MVC 的处理过程是，首先控制层（C 层）接受用户的请求，并决定应该调用哪个模型来进行处理；然后模型层（M 层）用业务逻辑来处理用户的请求并返回数据；最后控制器用相应的视图层（V 层）格式化模型返回的数据，并通过表示层呈现给用户。图 2-3 说明了这个过程。

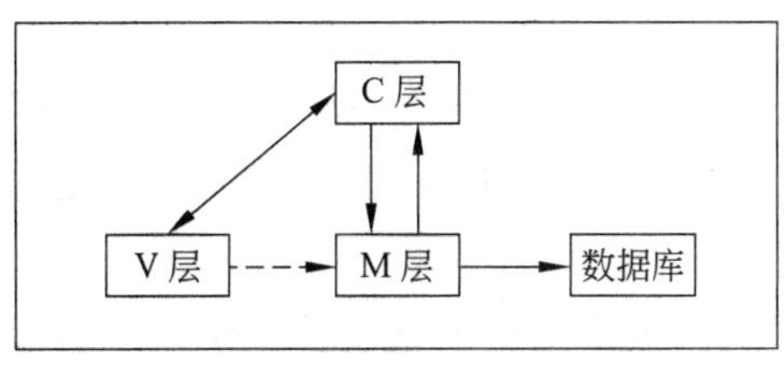

图 2-3　MVC 处理过程

2.3.3　MVC 总结

以前大部分 Web 应用程序（如 JSP、ASP）都是不分层的。它们将类似数据库查询语句的数据层代码和 HTML 表示层代码混合在一起。经验比较丰富的开发者会将数据从表示层分离开来，但这通常是不容易做到的，它需要精心的计划和不断的尝试。MVC 从根本上强制性地将它们分开。尽管构造 MVC 应用程序需要一些额外的工作，但是它带来的好处是毋庸置疑的。

首先，最重要的一点是多个视图能共享一个模型。现在的项目需要用越来越多的方式来访问应用程序。对此，其中一种解决方法是使用 MVC，无论用户想要 Flash 界面还是 WAP 界面，用一个模型就能处理它们。由于将数据和业务规则从表示层分开，所以可以最大化地重用代码了。

由于模型返回的数据没有进行格式化，所以同样的构件能被不同的界面使用。例如，很多数据可能用 HTML 来表示，但是它们也有可能要用 Macromedia Flash 和 WAP 来表示。模型也有状态管理和数据持久性处理的功能。例如，基于会话的购物车和电子商务过程也能被 Flash 网站或者无线联网的应用程序所重用。

因为模型是自包含的，并且与控制器和视图分离，所以很容易改变应用程序的数据层和业务规则。如果想把数据库从 MySQL 移植到 Oracle，或者想改变基于 RDBMS 的数据源到 LDAP，那么只需要改变模型即可。一旦正确地实现了模型，不管数据来自数据库或者是 LDAP 服务器，视图将会正确地显示它们。由于运用 MVC 应用程序的 3 个部件是相互独立的，改变其中一个不会影响其他两个，所以依据这种设计思想，能够构造良好的松耦合的构件。

另外，控制器也带来了一个好处，就是可以使用控制器来连接不同的模型和视图，去完成用户的需求，这样控制器可以为构造应用程序提供强有力的手段。给定一些可重用的模型和视图，控制器就可以根据用户的需求选择模型进行处理，然后选择视图将处理结果显示给用户。

最后,MVC还有利于软件工程化管理。由于不同的层各司其职,每一层不同的应用具有某些相同的特征,所以有利于通过工程化、工具化产生管理程序代码。

当然,分层模式也存在着如下一些问题:

(1) 增加了系统结构和实现的复杂性。对于简单的界面,严格遵循MVC,使模型、视图与控制器分离,这样会增加结构的复杂性,并可能产生过多的更新操作,降低了运行效率。

(2) 视图与控制器之间的连接过于紧密。视图与控制器虽然是相互分离的,但却是联系紧密的部件,视图没有控制器的存在其应用是很有限的,反之亦然,这样就妨碍了它们的独立重用。

(3) 视图对模型数据的访问效率低。依据模型操作接口的不同,视图可能需要多次调用才能获得足够的显示数据。对未变化数据的不必要的频繁访问,也将损害操作性能。当然,目前有一种新技术可以解决该类问题,例如异步通信技术(如Ajax技术)等。

(4) 目前,一般高级的界面工具或构造器不支持MVC架构。改造这些工具以适应MVC需要建立分离的部件,其代价是很高的,从而造成使用MVC的困难。

2.4 案例:用户登录用例

2.4.1 需求分析

本节主要目的是阐述MVC模式的设计思想及其运用,所以用户登录系统业务不必复杂。假定它的需求为:用户通过用户名与密码登录。具体的用例说明如表2-2所示。

表2-2 登录用例说明表

用例名称	注册用户登录
UC编号	SUC001
用例简述	用户输入用户名、密码进行登录
用例图	略
主要流程	(1) 在登录页面输入用户名、密码。 (2) 单击“提交”按钮。 (3) 若后台验证成功,则页面迁移到主页面main.jsp。 (4) 若后台验证失败,则失败,停留在登录页面,并提示“用户名或密码错误”
替代流程	无
例外流程	无
业务规则	略
其他	无

2.4.2 系统设计与 MVC 实现

1. 页面设计

本用例只有两个页面：login. jsp 和 main. jsp。为了说明问题，两个页面可以设计得简单些，具体代码如下：

```
login.jsp:
<%@page contentType="text/html;charset=utf-8" %>
<HTML>
<BODY bgcolor=pink ><Font size=5>
<FORM action="LogServlet" Method="post">
<BR>输入账号：
<BR><Input type=text name="account">
<BR>输入密码：
<BR><Input type=password name="secret">
<BR><Input type=submit name="g" value="提交">
</FORM>
<%if(request.getAttribute("log")!=null){
    String str=(String)request.getAttribute("log");
    if(str.equals("error"))
        out.println("<br>用户名或者密码错误");
} %>
</FONT>
</BODY>
</HTML>
main.jsp:
<%@page contentType="text/html;charset=utf-8" %>
<HTML>
<BODY BGcolor=yellow>
<FONT SIZE=5>
<P>欢迎进入网上书店
</FONT>
</BODY>
</HTML>
```

2. M 层设计

LoginManagement 类的设计，目前暂时不考虑访问数据库，只进行简单的匹配判断。从该例子实际使用效果出发，可以不设计该类，而由相关 Servlet 直接处理。之所以设计该类，主要是向读者传递两个思想：一是严格意义上的 M 层和 C 层概念；二是如果用户程序要扩展登录的功能（如登录成功、写日志等），则设计该类就显得非常必要了，因为 C 层一般不处理业务流程，只作 V 层与 M 层的中转桥梁。以下是 LoginManagement 类的参考代码：

```
package model;
package model;
public class LoginManagement {
    public static boolean login(String userName,String pass){
        /**不考虑访问数据库 * /
        if(userName.equals("123456")&& pass.equals("123"))
            return true;
        return false;
        }
    }
```

3. C 层设计

C 层设计也就是 Servlet 的设计，主要是从 V 层获取提交信息，并进行必要的处理(中文处理)。调用业务层方法，根据结果进行页面转向，并把数据利用 request 内置对象传递到目的页面。以下为参考代码：

```
package Servlet;
import java.io.IOException;
import java.io.PrintWriter;
import javax.servlet.RequestDispatcher;
import javax.servlet.ServletException;
import javax.servlet.http.HttpServlet;
import javax.servlet.http.HttpServletRequest;
import javax.servlet.http.HttpServletResponse;
import model.LoginManagement;
public class LoginServlet extends HttpServlet {
…
public void doGet(HttpServletRequest request, HttpServletResponse response)
        throws ServletException, IOException {
    String account=request.getParameter("account");
    if(account==null){account="";}
    String secret=request.getParameter("secret");
    if(secret==null)secret="";
    RequestDispatcher dispatcher=null;
    if(LoginManagement.login(account, secret)){     //登录成功
        request.setAttribute("log", "ok");
        dispatcher=getServletContext().getRequestDispatcher("/main.jsp");
        }
    else {                                          //登录失败
        request.setAttribute("log", "err");
        dispatcher=getServletContext().getRequestDispatcher("/login.jsp");
        }
    dispatcher.forward(request, response);
    }
```

```
public void doPost(HttpServletRequest request, HttpServletResponse response)
        throws ServletException, IOException {

      doGet(request,response);
    }
    ...
}
```

2.5 本章小结

Servlet 技术与 JSP 技术各有特点。在 MVC 开发模式下，由于 Servlet 支持内置对象，因此与前端页面通信无障碍；同时，它又是一个普通的 Java 类，所以与业务层(M 层)无缝集成。因此，Servlet 在 MVC 模式下主要承担控制器的角色，而 JSP 的技术特点决定了它主要充当视图的角色。

第 3 章　内置对象技术

JSP 或 Servlet 页面的内置对象由容器(服务器)提供，可以使用标准的变量来访问这些对象，并且不用编写任何额外的代码在 JSP 网页中使用。在 JSP 2.0 规范中定义了 9 个内置对象：request(请求对象)、response(响应对象)、session(会话对象)、application(应用程序对象)、out(输出对象)、page(页面对象)、config(配置对象)、exception(异常对象)和 pageContext(页面上下文对象)。本章将对内置对象进行介绍，并通过示例来介绍它们的具体使用方法。

3.1 内置对象概述

Web 应用程序的特点是每一个 JSP 文件(或一个 Servlet)都相当于一个独立的运行单元，类似于一个独立的应用程序，并由容器(Tomcat)进行统一管理。对于一个实际工程项目，不可能只有一张页面，而且页面之间存在着各类内部数据的实时通信及共享问题。例如，把 A 页面登录数据传递到 B 页面进行验证；购物车的设计涉及若干页面共享数据问题；公告栏涉及不同用户的数据共享问题。在实际项目中，还存在着对各类请求/响应有一些特殊要求等。因此，容器根据规范要求向用户提供了一些内置对象，用于解决上述问题，并负责对这些对象的管理，包括内置对象的生存期、作用域等。

在这些内置对象中，request、response 对象是在客户端请求一个 JSP 页面，由容器实时生成并作为服务参数传递给 JSP(实际上是 Servlet)，请求/相应结束后由容器回收；session 对象一般是在用户第一次进入系统时形成，退出系统时由容器回收。

3.2 request 对象

request 对象最主要的作用是接收参数，当客户端请求一个 JSP 页面或者一个 Servlet

时，容器(服务器)会将客户端的请求信息包装在这个 request 对象中，请求信息的内容包括请求的头信息、请求的方式、请求的参数名称和参数值等信息。request 对象封装了用户提交的信息，通过调用该对象相应的方法可以获取来自客户端的请求信息，然后做出响应。request 对象是 HttpServletRequest 类的实例。

3.2.1 request 对象的主要方法简介

表 3-1 给出了 request 对象的常用方法及说明。

表 3-1　request 对象的常用方法及说明

序号	方 法 名	方 法 说 明
1	* getAttribute(String name)	返回指定属性的属性值
2	getAttributeNames()	返回所有可用属性名的枚举
3	getCharacterEncoding()	返回字符编码方式
4	getContentLength()	返回请求体的长度(字节数)
5	getContentType()	得到请求体的 MIME 类型
6	getInputStream()	得到请求体中一行的二进制流
7	* getParameter(String name)	返回 name 指定参数的参数值
8	getParameterNames()	返回可用参数名的枚举
9	getParameterValues(String name)	返回包含参数 name 的所有值的数组
10	getProtocol()	返回请求用的协议类型及版本号
11	getServerName()	返回接受请求的服务器主机名
12	getServerPort()	返回服务器接受此请求所用的端口号
13	getReader()	返回已解码过的请求体
14	getRemoteAddr()	返回发送此请求的客户端 IP 地址
15	getRemoteHost()	返回发送此请求的客户端主机名
16	* setAttribute(String key,Object obj)	设置属性的属性值
17	getRealPath(String path)	返回一虚拟路径的真实路径
18	getMethod()	返回客户端向服务器传输数据的方式
19	getRequestURL()	返回发出请求字符串的客户端地址
20	* getSession()	创建一个 session 对象

下面的程序示例给出了 request 对象的一些常用方法，通常使用 request 对象来获得客户端传来的数据。

【例 3-1】 request 对象方法示例一。

```
Example3_1.jsp
<%@page contentType="text/html;charset=utf-8" %>
<!DOCTYPE html>
<html>
  <head>
    <title>requestHtml.html</title>
</head>
<body>
  <form action="RequestHtml" method="post">
    用户名:
    <input type="text" name="name"><br>
       密 码:
    <input type="text" name="pass"><br>
      
    <input type="submit" value="提交">
  </form>
  <br>
 </body>
</html>
```

【例 3-2】 request 对象方法示例二。

```
RequestHtml.java:
public class RequestHtml extends HttpServlet {
    ...
public void doGet(HttpServletRequest request, HttpServletResponse response)
throws ServletException, IOException {
        response.setContentType("text/html");
        PrintWriter out=response.getWriter();
        //请求方式:
        System.out.println(request.getMethod());
        //请求的资源:
        System.out.println(request.getRequestURI());
        //请求用的协议:
        System.out.println(request.getProtocol());
        //请求的文件名:
        System.out.println(request.getServletPath());
        //请求的服务器的 IP:
        System.out.println(request.getServerName());
        //请求服务器的端口
        System.out.println(request.getServerPort());
        //客户端 IP 地址
        System.out.println(request.getRemoteAddr());
        //客户端主机名:
        System.out.println(request.getRemoteHost());
        String user=request.getParameter("name");
```

```
        if(user==null)user="无输入";
        String pass=request.getParameter("pass");
        if(pass==null)user="无输入";
        System.out.println("user="+user+"pass="+pass);
    }
```

如果输入 123,123,则服务器输出结果如下：

```
POST
/JSP1501/RequestHtml
HTTP/1.1
/RequestHtml
localhost
8080
127.0.0.1
127.0.0.1
user=123pass=123
```

3.2.2 request 对象的常用技术

1. 用 getParameter()方法获取表单提交信息

request 对象获取客户提交信息的最常用的方法是 getParameter(String key),其中 key 与 JSP(或 HTML)页面中表单各输入域(如 text、checkbox 等)的 name 属性相一致。在下面的示例中，form1.jsp 页面通过表单向 servlet(requestForm1)提交用户名和密码信息；requestForm1 通过 request 对象获取表单提交的信息。

form1.jsp 示例代码如下：

```
<%@page contentType="text/html;charset=utf-8" %>
<html>
    <body>
        <form  action="requestForm1" method="post">
        <P>姓名:<input  type="text" size="20" name="UserID"></P>
        <P>密码:<input  type="password" size="20" name="UserPWD"></P>
        <P><input  type="submit"  value="提 交"></P>
        </form>
    </body>
</html>
```

注意：表单提交的方法有 get 与 post 两种，二者的主要区别是 get 方法会在提交过程中在地址栏显示提交信息。

requestForm1 核心代码如下：

```
public void doGet(HttpServletRequest request, HttpServletResponse response)
```

```
throws ServletException, IOException {
    response.setContentType("text/html");
    String name=request.getParameter("UserID");
    String pass=request.getParameter("UserPWD");
    System.out.println(name);
    System.out.println(pass);
}
```

中文显示问题包括两个方面：一是页面在浏览器的中文显示问题，JSP 文件的默认编码为 pageEncoding＝"ISO-8859-1"，应该改为"uft-8"；二是中文字符在不同环境（HTML、JSP、Servlet、数据库）下的传输问题，例如从 JSP 到 Servlet，因为不同环境下的默认编码不一样，会产生中文乱码问题。针对中文显示问题，有以下两种解决办法。

(1) 利用后台重新编码技术解决中文乱码问题。

```
String user=request.getParameter("UserID ");
if(user==null)user="无输入";
byte  b[ ]=user.getBytes("ISO-8859-1");
user=new String(b);
```

(2) 用过滤器技术解决中文乱码问题。后续章节将会介绍。

2. 用 getParameterValues()方法获取表单成组信息

通过 request 对象的 getParameterValues()方法可以获得指定参数的成组信息，通常在表单的复选框中使用。该方法的原型如下：

```
public String[ ]  getParameterValues(String str)
```

在下面的示例中，form2. jsp 表单中有 3 个复选框，选中复选框后，表单信息提交给 Servlet(requestForm2. class)，在 Servlet 中使用 getParameterValues 获取复选框的成组信息并输出。

```
form2.jsp
<%@page contentType="text/html;charset=utf-8" %>
<html>
<body>
<form id="form1" name="form1" method="post" action="requestForm2">
    请选择喜欢的水果:<p>
    <input type="checkbox" name="checkbox" value="apple" />apple
    <input type="checkbox" name="checkbox" value="banana" />banana
    <input type="checkbox" name="checkbox" value="peach" />peach<p>
    <input type="submit" name="Submit" value="提交" />
</form>
</body>
</html>
```

requestForm2. java 的核心代码如下：

```
...
String[ ] temp=request.getParameterValues("checkbox");
System.out.println("你喜欢的水果是:");
for(int i=0; i<temp.length; i++){
    System .out.println(temp[i]+" ");
}
...
```

注意：在实际的项目开发中，已经很少采用这种技术，一般采用 JSON 数据方式实现。

3. getAttribute()方法及 request. setAttribute()方法的应用

正如上面所述，request 对象主要用来传递两个页面之间的数据。getParameter()方法和 getParameterValues()方法用于后端(Servlet 或 JSP)获取前端的各类表单信息。如果后端向前端发回数据，则需要用到 request. setAttribute()方法，前端接收数据则用 getAttribute()方法。

例如，如果 login. jsp（前端）→ LoginServlet（后端）→ login. jsp（前端），则对于 LoginServlet(后端)，可以用以下代码实现数据回传。

在 doGet()方法中可用如下代码：

```
...
RequestDispatcher dispatcher=null;
if(!LoginManagement.login(account, secret))                    //登录失败
    request.setAttribute("log", "error");                      //在 request 中写数据
dispatcher=getServletContext().getRequestDispatcher("/login.jsp");
dispatcher.forward(request, response);                         //向前端发数据
...
```

在前端 login. jsp 可用如下代码：

```
...
<%if(request.getAttribute("log")!=null){
    String str=(String)request.getAttribute("log");
    if(str.equals("error"))
        out.println("<br>用户名或者密码错误");
} %>
...
```

另外，利用 request 对象可以传递任意类型对象的数据。

有时，项目要求传递其他类型值。例如，在一个 Servlet 中，通过数据库操作得到一个学生记录集，以二维数组形式存放，具体可以用 ArrayList 实现。进一步，把该记录集传递到 JSP 页面，用于显示该记录集，此时就可以利用 request 对象的 setAttribute(String key,Object obj)和 getAttribute(String key)来设值和取值了。详细代码后面还会介绍，示意代码如下：

```
servlet
…
ArrayList studentList;                                          //其具体值的获得略
request.setAttribute("student",studentList);
forward 到 A.jsp;
…
A.jsp
…
ArrayList list=(ArrayList)request. getAttribute("student");
…
```

注意：在实际的项目开发中，已经很少采用这种技术，一般采用 JSON 数据方式实现。

3.3 response 对象

request 对象和 response 对象是相辅相成的，request 对象用来得到客户端的信息。response 对象处理服务器端对客户端的一些响应，request 对象用来得到客户端的信息，客户程序用 response 对象处理响应。response 对象对客户的请求做出动态的响应，主要是向客户端发送头部数据。response 对象是 HttpServletResponse 类的实例。

3.3.1 response 对象的主要方法简介

response 对象的主要方法及说明如表 3-2 所示。

表 3-2 response 对象的主要方法及说明

序号	方 法 名	方 法 说 明
1	addCookie(Cookie cookie)	向客户端写入一个 cookie
2	addHeader(String name,String value)	添加 HTTP 文件头
3	containsHeader(String name)	判断名为 name 的 header 文件头是否存在
4	encodeURL(String url)	把 sessionId 作为 URL 参数返回到客户端
5	getOutputStream()	获取客户端的输出流对象
6	sendError(int)	向客户端发送错误信息，如 404 信息
7	sendRedirect(String url)	重定向请求
8	setContentType(String type)	设置响应的 MIME 类型
9	setHeader(String name, String value)	设置指定的 HTTP 文件的头信息值，如果该值已经存在，则新值会覆盖原有的旧值

3.3.2 response 对象的常用技术

1. 使用 response 对象设置 HTTP 文件的头信息

这里主要介绍两个方法：setContentType(String type)和 setHeader(String name, String value)。

setContentType(MIME)方法可以动态改变 ContentType 的属性值，参数 MIME 可取 text/html、text/plain、application/x-msexcel、application/msworld 等。该方法的作用是：客户端浏览器通过区分不同种类的数据，调用浏览器内不同的程序嵌入模块来处理相应的数据。例如，Web 浏览器就是通过 MIME 类型来判断文件是否是 GIF 图片，通过 MIME 类型来处理 JSON 字符串。Tomcat 的安装目录\conf\web. xml 中定义了大量 MIME 类型，读者可以阅读参考。

response. setHeader 是用来设置返回页面的头 meta 信息，response. setHeader(name, contect)；meta 是用来在 HTML 文档中模拟 HTTP 协议的响应头报文。meta 标签用于网页的<head>与</head>中，例如：

(1) <meta name="Generator" contect="">用以说明生成工具(如 Microsoft FrontPage)等。

(2) <meta name="KEYWords" contect="">向搜索引擎说明用户网页的关键词。

(3) <meta name="DEscription" contect="">告诉搜索引擎用户站点的主要内容。

(4) <meta name="Author" contect="你的姓名">告诉搜索引擎用户站点的制作的作者。

【例 3-3】 用 response 对象将 contentType 属性值设置成为 application/ x-msexcel。

代码如下：

```
A.txt
34   79   51   99<br>
40   69   92   22<br>
67   71   85   20<br>
72   30   78   38<br>
55   61   39   43<br>
43   81   10   55<br>
36   93   41   99<br>
contenttype.html
<HTML>
<BODY bgcolor=cyan><Font size=5>
  <P>您想使用什么方式查看文本文件 A.txt?
    <FORM action="response1.jsp" method="post" name=form>
    <INPUT TYPE="submit" value="word" name="submit1">
    <INPUT TYPE="submit" value="excel" name="submit2">
```

```
    </FORM>
</FONT>
</BODY>
</HTML>
response1.jsp
<%@page contentType="text/html;charset=gb2312"%>
<HTML>
<BODY>
  <%
      String str1=request.getParameter("submit1");
      String str2=request.getParameter("submit2");
      if(str1 ==null){
          str1="";
      }
      if(str2 ==null){
          str2="";
      }
      if(str1.startsWith("word")){
          response.setContentType("application/msword;charset=GB2312");
          out.print(str1);
      }
      if(str2.startsWith("excel")){
          response.setContentType("application/x-msexcel;charset=GB2312");
      }
    %>
    <jsp:include page="A.txt"/>
</BODY>
</HTML>
```

2. 使用 response 对象实现重定向

对于 response 对象的 sendRedirect 方法，可以将当前客户端的请求转到其他页面去。相应的代码格式为"response. sendRedirect("URL 地址");"。下面示例中 login. html 提交姓名到 response3. jsp 页面，如果提交的姓名为空，则需要重定向到 login. html 页面，否则显示欢迎界面。

login. html 示例代码如下：

```
<HTML>
    <BODY>
        <FORM ACTION="response3.jsp" METHOD="POST">
        <P>姓名:<INPUT TYPE="TEXT" SIZE="20" NAME="UserID"></P>
        <P><INPUT TYPE="SUBMIT" VALUE="提 交"></P>
        </FORM>
    </BODY>
```

```
</HTML>
response3.jsp
<%@page contentType="text/html;charset=GB2312" %>
<HTML>
<BODY>
    <%
        String s=request.getParameter("UserID ");
        byte b[]=s.getBytes("ISO-8859-1");
        s=new String(b);
        if(s==null){s="" ; response.sendRedirect("login.html");}
        else  out.println("欢迎您来到本网页!"+s);
    %>
</BODY>
</HTML>
```

注意：用 dispatcher. forward(request, response)方法和 response 对象中 sendRedirect 方法都可以实现页面的重定向，但二者是有区别的。前者只能在本网站内跳转，且跳转后，在地址栏中仍然显示以前页面的 URL，跳转前后的两个页面属于同一个 request，用户程序可以用 request 来设置或传递用户程序数据。但对于 response. sendRedirect 则不一样了，它相对前者是绝对跳转，在地址栏中显示的是跳转后页面的 URL，跳转前后的两个页面不属于同一个 request，当然也可用其他技术手段来保证 request 为同一个，但这不是本节的讨论范围。对于后者来说，可以跳转到任何一个地址的页面，例如 response. sendRedirect("http://www. baidu. com/")。

3.4 session 对象

3.4.1 session 对象的基本概念和主要方法简介

session 中文是“会话”的意思，指的是客户端与服务器的一次会话过程，以便跟踪每个用户的操作状态。一般情况下，它在第一个 JSP 页面或 Servlet 被装载时由服务器自动创建，并在用户退出应用程序时，由服务器销毁该 session 对象，完成会话期管理，这也是 session 对象的生命周期。服务器为每个访问者都设立一个独立的 session 对象，用以存储 session 变量，并且各个访问者的 session 对象互不干扰。

session 对象是 HttpSession 类的实例。session 机制是一种服务器端的机制，服务器使用一种类似于散列表的结构(也可能就是使用散列表)来管理客户端信息，因此在实际工程项目中，应该注意慎用 session 对象，以免服务器内存溢出。服务器为每个客户端新建一个 session 对象时，同时产生一个唯一的 sessionID 号与 session 对象相关联，这个 sessionID 的值是一个既不会重复又不容易被找到规律以仿造的字符串，而且这个 sessionID 是保存在客户端的 Cookie 中。如果客户端不支持 Cookie，那么将不能使用 session 对象，但是可以通过重写 URL 等技术来保证 sessionID 的唯一性。

在实际的工程项目中，session 对象往往作为一次会话期内共享数据的容器，用户程序可以把最能标识用户的信息（如用户名、密码及权限等）存放在 session 对象中，便于对用户的管理。表 3-3 为 session 对象的主要方法及说明。

表 3-3　session 对象的主要方法及说明

序号	方 法 名	方 法 说 明
1	getAttribute(String name)	获取与指定名字相关联的 session 对象属性值
2	getAttributeNames()	获取 session 对象内所有属性名的集合
3	getCreationTime()	返回 session 对象创建时间，最小单位千分之一秒
4	getId()	返回 session 对象创建时 JSP 引擎为它设置的唯一 ID 号
5	getLastAccessedTime()	返回此 session 对象里客户端最后一次访问时间
6	getMaxInactiveInterval()	返回两次请求间隔时间，以秒为单位
7	getValueNames()	返回一个包含此 session 对象中所有可用属性的数组
8	invalidate()	取消 session 对象，使 session 对象不可用
9	isNew()	返回服务器创建的一个 session 对象，客户端是否已经加入
10	removeValue(String name)	删除 session 对象中指定的属性
11	setAttribute(String name, Object value)	设置指定名称的 session 对象属性值
12	setMaxInactiveInterval()	设置两次请求间隔时间，以秒为单位

下面的程序用到了 session 对象的一些常用方法，代码如下：

```
session.jsp
<%@page contentType="text/html;charset=gb2312"%>
<%@page import="java.util.*;"%>
<html>
<head>
    <title>session 对象示例</title>
</head>
<body>
    <br>
    session 的创建时间:<%=session.getCreationTime()%>  
    <!--返回的是从格林威治时间(GMT)1970 年 01 月 01 日 0:00:00 起到计算当时的毫秒数-->
    <%=new java.sql.Time(session.getCreationTime())%>
    <br>
    session 的 ID 号:<%=session.getId()%><br>
    客户端最近一次请求时间:
```

```
<%=session.getLastAccessedTime()%>  
<%=new java.sql.Time(session.getLastAccessedTime())%><br>
两次请求间隔多长时间此 session 被取消(ms):
<%=session.getMaxInactiveInterval()%><br>
是否是新创建的一个 session:<%=session.isNew()?"是" : "否"%><br>
<%
    session. setAttribute("name", "练习 session");
    session. setAttribute("name2", "10000");
    out.println("name"=+getAttribute("name"));
    out.println("name2"=+getAttribute("name2"));
%></body></html>
```

以上程序显示了如何获取 session 对象的创建时间、session 的 ID 号以及 session 对象的生命周期等,运行结果如图 3-1 所示。

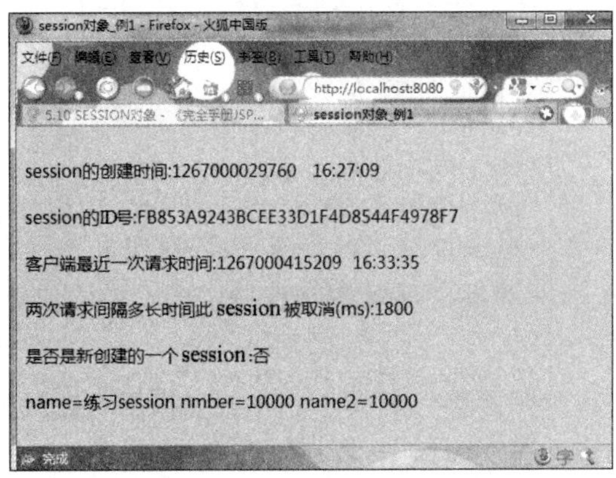

图 3-1 session 对象常用方法示例运行结果

session 对象的生命周期,session 对象结束生命周期有几种情况:客户端关闭浏览器、session 过期、调用 invalidate 方法使 session 失效等。

为了系统安全,session 对象有默认的活动间隔时间,通常为 1800s,这个时间可以通过 setMaxInactiveInterval 方法设置生存时间,单位是秒(s),该方法的原型如下:

```
public void setMaxInactiveInterval(int n)
```

以下程序给出关于 session 对象生存时间(会话期)的一些设置方法:

```
sessionMethod.jsp
<%@page contentType="text/html;charset=GB2312" %>
<%@page import="java.util.*"%>
<html>
<body>
<h2>JspSession Page</h2>
会话标识:<%=session.getId()%>
<p>创建时间:<%=new Date(session.getCreationTime())%>
```

```
<p>最后访问时间:<%=new Date(session.getLastAccessedTime())%>
<p>是否是一次新的对话???<%=session.isNew()%>
<p>原设置中的一次会话持续的时间:<%=session.getMaxInactiveInterval()%>
<%--重新设置会话的持续时间--%>
<%session.setMaxInactiveInterval(100);%>
<p>新设置中的一次会话持续的时间:<%=session.getMaxInactiveInterval()%>
<p>属性 UserName 的原值:<%=session.getAttribute("UserName")%>
<%--设置属性 UserName 的值--%>
<%session.setAttribute("UserName","The first user!");%>
<p>属性 UserName 的新值:<%=session.getAttribute("UserName")%>
</body></html>
```

程序运行结果如图 3-2 所示。

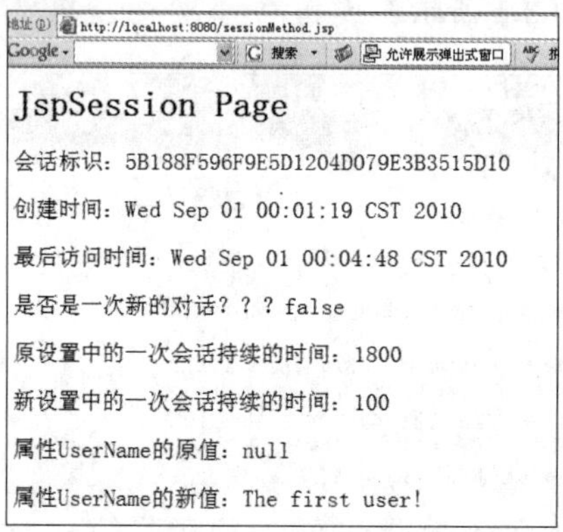

图 3-2　session 对象会话期运行结果

3.4.2　session 对象的常用技术

1. 多页面数据共享技术

对于多页面的 Web 应用系统，一个用户在一个会话期内，有许多情况存在多页面数据共享问题，常见的有以下几种：

(1) 登录后，把相关登录信息(如用户名、角色、权限等)保存在数据共享区内，这些信息相当于一个会话期内的全局变量，给其他页面或 Servlet 查询这些信息提供了便利。

(2) 在特定情形下，多页面数据共享也是电子商务购物车技术实现的方案之一，因为多页面相当于多货架，购物车相当于多页面的数据共享。

实现多页面数据共享技术的方法简述如下。

(1) 数据录入：

```
session.setAttribute(String key, Object value)
```

其中，value 是任意类型的 Java 对象，当然也可以是 JSON 对象，可以存放意义广泛的数据。

需要注意的是，在 Servlet 中，需要通过以下方法获得 session 对象：

```
session=request.getSession()
```

（2）数据查询：

```
session.getAttribute(String key)
```

2. 安全控制技术

（1）为了防止非法用户绕过登录页面而直接利用 URL 进入必须登录才能进入的页面，具体解决办法有两种：一是利用 session 中的信息，在页面中进行登录验证；二是利用过滤器技术。

（2）当登录用户由于特殊原因暂时离开时，非法用户趁机进行非法操作，则会带来意想不到的损失。对于这种情形，除了安全教育外，还可以利用 session 对象技术做进一步的技术防范，其主要原理是设置有效的 session 活动间隔时间，默认是 30 分钟，可以人为设置 session 对象的生存时间，达到对系统安全使用的保护。

（3）安全退出机制及关闭浏览器，并不能马上触发后台取消 session，这会带来意想不到的安全隐患。可以在系统中专门设立“安全退出”按钮，单击该按钮，后台实际上是调用 session.invalidate()方法，服务器同时回收内存。

3.5 其他内置对象介绍

3.5.1 application 对象

application 对象实现了用户之间数据的共享，区别于 session 对象存放一个用户的共享数据，它可存放所有用户的全局变量。application 对象开始于服务器的启动，直到服务器的关闭而消亡。在此期间，application 对象将一直存在，这样在用户的前后连接或者不同用户之间的连接中，可以对 application 对象的同一属性进行操作；在任何地方对 application 对象属性的操作，都将影响到其他用户对 application 对象的访问。服务器的启动和关闭决定了 application 对象的生命周期。application 对象是 ServletContext 类的实例。表 3-4 是 application 对象的主要方法及说明。

表 3-4 application 对象的主要方法及说明

序号	方 法 名	方 法 说 明
1	getAttribute(String name)	返回给定名的属性值
2	getAttributeNames()	返回所有可用属性名的枚举

续表

序号	方 法 名	方 法 说 明
3	setAttribute(String name,Object object)	设定属性的属性值
4	removeAttribute(String name)	删除指定的属性及其属性值
5	getServerInfo()	返回 JSP(Servlet)引擎名及版本号
6	getRealPath(String path)	返回一虚拟路径的真实路径
7	getInitParameter(String name)	返回 name 属性的初始值

从表 3-4 可以看出，application 对象的数据存取方式与 session 对象的类似。在具体应用过程中，可以把 Web 应用的状态数据放入 application 对象中。例如，将实时在线人数、公共留言等信息放入 application 对象中；也可使用 application 的 getlnitParameter(String paramName)来获取 Web 应用的配置参数，这些配置参数在 Web. xml 文件中使用 context-param 元素配置。

3.5.2 out 对象

out 对象代表向客户端发送数据，发送的内容是浏览器需要显示的内容，out 对象是 PrintWriter 类的实例，是向客户端输出内容时常用的对象。out 对象的主要方法及说明如表 3-5 所示。

表 3-5 out 对象的主要方法及说明

序号	方 法 名	方 法 说 明
1	clear()	清除缓冲区的内容
2	clearBuffer()	清除缓冲区的当前内容
3	flush()	清空流
4	getBufferSize()	返回缓冲区字节数的大小，如不设缓冲区则为 0
5	getRemaining()	返回缓冲区还剩余多少可用
6	isAutoFlush()	返回缓冲区满时，是自动清空还是抛出异常
7	printIn()	向页面输出内容
8	close()	关闭输出流

在具体应用中，out 对象常常用作控制层向前端页面发送数据，在 Servlet 中，out 对象通过 response 对象获得，一般用法如下：

```
PrintWriter out=response.getWriter();
out.write(test.toString());
out.flush();out.close();
```

3.5.3 config 对象

config 对象是在一个 Servlet 初始化时，JSP 引擎向它传递信息用的，此信息包括 Servlet 初始化时所要用到的参数(通过属性名和属性值构成)以及服务器的有关信息(通过传递一个 ServletContext 对象)。config 对象的主要方法及说明如表 3-6 所示。

表 3-6 config 对象的主要方法及说明

序号	方 法 名	方 法 说 明
1	getServletContext()	返回含有服务器相关信息的 ServletContext 对象
2	getInitParameter(String name)	返回初始化参数的值
3	getInitParameterNames()	返回 Servlet 初始化所需所有参数的枚举

config 对象提供了对每一个给定的服务器小程序或 JSP 页面的 javax. servlet. Servlet Config 对象的访问。它封装了初始化参数以及一些使用方法。作用范围就是当前页面，被包含到别的页面无效。config 对象在 JSP 中的作用并不大，而在 Servlet 中的作用比较大。

3.5.4 exception 对象

exception 对象是一个异常处理对象，当一个页面在运行过程中发生了异常就产生这个对象。如果一个 JSP 页面要应用此对象，那么必须把 isErrorPage 设为 true，否则无法编译。exception 对象实际上是 java. lang. Throwable 的实例，它的主要方法及说明如表 3-7 所示。

表 3-7 exception 对象的主要方法及说明

序号	方 法 名	方 法 说 明
1	getMessage()	返回描述异常的消息
2	toString()	返回关于异常的简短描述消息
3	printStackTrace()	显示异常及其栈轨迹
4	fillInStackTrace()	重写异常的执行栈轨迹

下面用一个示例来说明 exception 的用法，首先在 errorthrow. jsp 中抛出一个异常，代码如下：

```
errorthrow.jsp
<%@page language="java" import="java.util.*;" pageEncoding="ISO-8859-1"
    errorPage="error.jsp"%>
<!DOCTYPE HTML PUBLIC "-//W3C//DTD HTML 4.01 Transitional//EN">
<html>
    <body>
```

```
        <%int result=1 / 0; %>
    </body>
</html>
```

上面代码中,使用 page 指令设定,如果当前页面发生异常就重定向到 error.jsp,其代码如下:

```
<%@page language="java" import="java.util.*"
pageEncoding="ISO-8859-1" isErrorPage="true"%>
  <%
  String path=request.getContextPath();
String basePath=request.getScheme()+"://"+request.getServerName()+":"+request.
getServerPort()+path+"/";
  %>
  <!DOCTYPE HTML PUBLIC "-//W3C//DTD HTML 4.01 Transitional//EN">
  <html>
<head><title>My JSP 'error.jsp' starting page</title></head>
<body>
error Message:getMessage()Method<br>
<%out.println(exception.getMessage());%>
<br><br>
Error String:toString()Method<br>
<%out.println(exception.toString());%>
</body></html>
```

程序结果如图 3-3 所示。

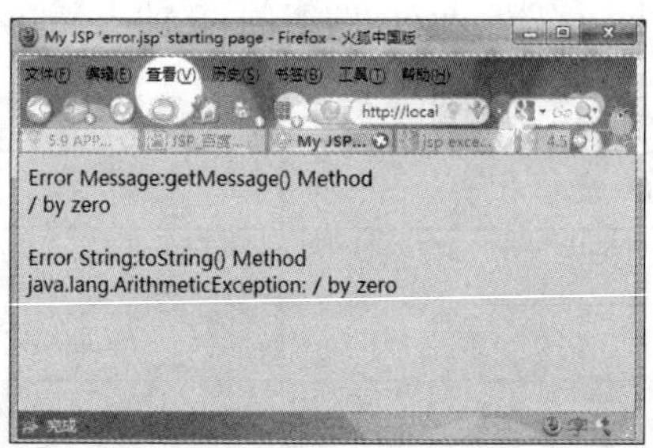

图 3-3　exception 对象用法示例运行结果

注意:exception 对象不能在 JSP 文件中直接使用,如果要使用 exception 对象就要在 page 指令中设定<%@ isErrorPage="true"%>。

3.5.5　page 对象与 pageContext 对象

page 对象指向当前 JSP 页面本身,有点类似类中的 this 指针,它是 java.lang.Object 类的实例。page 对象可以使用 Object 类的方法。例如,hashCode()、toString()等方法。page

对象在 JSP 程序中的应用不是很广泛，但是 java. lang. Object 类还是十分重要的，因为 JSP 内置对象的很多方法的返回类型是 Object，需要用到 Object 类的方法，读者可以参考相关的文档，这里就不详细介绍了。

pageContext 对象提供了对 JSP 页面内所有的对象及名字空间的访问。也就是说，pageContext 对象可以访问到本页所在的 session 对象，也可以取本页面所在的 application 对象的某一属性值，相当于页面中所有功能的集大成者，它的本类名也称为 PageContext。pageContext 对象的主要方法及说明如表 3-8 所示。

表 3-8　pageContext 对象的主要方法及说明

序号	方 法 名	方 法 说 明
1	getSession()	返回当前页中的 HttpSession 对象(session)
2	getRequest()	返回当前页的 ServletRequest 对象(request)
3	getResponse()	返回当前页的 ServletResponse 对象(response)
4	getException()	返回当前页的 Exception 对象(exception)
5	getServletConfig()	返回当前页的 ServletConfig 对象(config)
6	getServletContext()	返回当前页的 ServletContext 对象
7	setAttribute(String name,Object attribute)	设置属性及属性值
8	setAttribute(String name,Object obj,int scope)	在指定范围内设置属性
9	getAttribute(String name)	获取属性的值
10	getAttribute(String name,int scope)	在指定范围内获取属性的值
11	findAttribute(String name)	寻找一属性，返回属性值或 NULL
12	removeAttribute(String name)	删除某属性
13	removeAttribute(String name,int scope)	在指定范围删除某属性
14	getAttributeScope(String name)	返回某属性的作用范围
15	forward(String relativeUrlPath)	使当前页面重导到另一页面

在表 3-8 中，scope 参数是 4 个常数，代表 4 种范围：PAGE_SCOPE 代表 page 范围，REQUEST_ SCOPE 代表 request 范围，SESSION _ SCOPE 代表 session 范围，APPLICATION_ SCOPE 代表 application 范围。

3.6 内置对象的综合应用：主页面中的用户管理

3.6.1 需求分析

下面以网上书店为例，网上书店主页面 bookmain.jsp 没有登录前的主页面如图 3-4 所示。

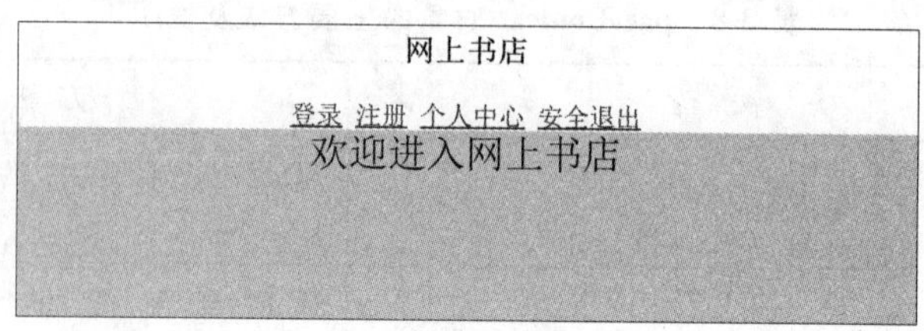

图 3-4 网上书店登录前的主页面

具体要求：没登录前，若操作“个人中心”，则提示“请登录”；登录后，主页面显示如图 3-5 所示。

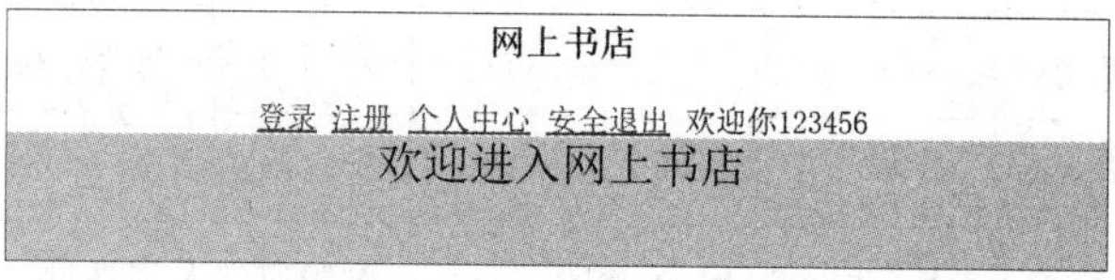

网上书店
登录 注册 个人中心 安全退出 欢迎你123456
欢迎进入网上书店

图 3-5 网上书店登录后的主页面

在图 3-5 页面右上角显示“欢迎你×××”，并可进入“个人中心”；当操作“安全退出”选项时则回到登录前的页面状况。

3.6.2 技术设计

本案例的核心是验证合法用户，并控制其操作权限。在该例子中，采用 session 内置对象技术。具体设计如下。

1. “登录”页面设计

将“登录”页面提交给 LoginServlet，由该 Servlet 根据用户名和密码进行合法验证，若合法则把用户名写入 session 中。LoginServlet 核心代码如下：

```
public void doGet(HttpServletRequest request, HttpServletResponse response) throws
ServletException, IOException {
    HttpSession session=request.getSession();                    //得到 session
    String account=request.getParameter("account");
```

```
String secret=request.getParameter("secret");
RequestDispatcher dispatcher=null;
if(LoginManagement.login(account, secret)){              //登录成功
    request.setAttribute("log", "ok");
    session.setAttribute("name", account);          //成功,往 session 写入用户名
    dispatcher=getServletContext().getRequestDispatcher("/bookmain.jsp");
    }
else {                                                   //登录失败
    request.setAttribute("log", "err");
    dispatcher=getServletContext().getRequestDispatcher("/login.jsp");
    }
dispatcher.forward(request, response);
}
```

2. 主页面设计

首先判断 session 中是否已经写入用户名。若已经写入,说明登录成功,则在主页面的右上角中利用 JSP 技术改变相关 HTML 内容,显示"欢迎你×××";若没写入,说明用户没登录,则利用 JSP 技术把相关的 HTML 内容清空,核心代码如下:

```
<%String username=(String)session.getAttribute("name");
    if(username!=null){%>
        <script type="text/javascript">
            $("#welcome").html("欢迎你"+"<%=username %>");
        </script>
    <%}
    else { %>
    <script >
        $("#welcome").html("");
    </script>
     <%} %>
```

注意两个技术:

(1) 在 JSP 文件中,Java 代码可与其他脚本混合实现一些特殊需求。

(2) Java 代码与 JS 代码之间值的传递方法,上面的 JS 代码用到了 Java 代码的值。

3. "个人中心"页面设计(person.jsp)

"个人中心"页面设计的基本思想与"登录"页面的设计思想类似。在页面中,首先判断 session 中是否写入用户名,若结束则作出下一步动作。本案例进行了简化处理,核心代码如下:

```
<%
    String name=(String)session.getAttribute("name");
    if(name==null)
        out.println("请登录");
    else out.println("个人中心");
%>
```

4. “安全退出”设计

当用户操作“安全退出”时，提交给 Exit 处理。在该 Servlet 中，实际的动作就是使 session 无效(作废)，并迁移到主页面，时序图如图 3-6 所示。

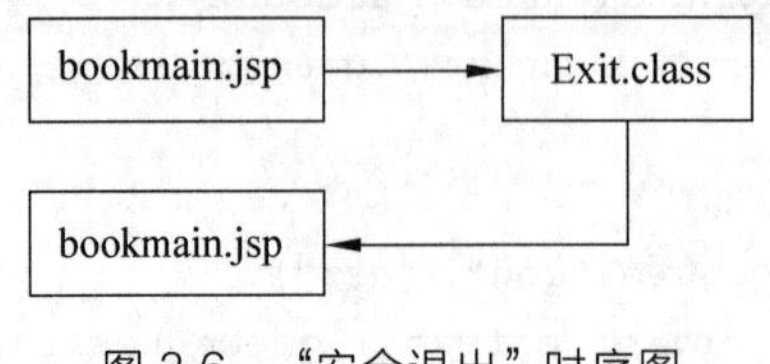

图 3-6 “安全退出”时序图

注意，在图 3-6 中，上下两个 bookmain. jsp 所显示的内容是不一样的，请思考为什么。

核心代码如下：

```
HttpSession session=request.getSession();
session.invalidate();
RequestDispatcher dispatcher =null;
dispatcher=getServletContext().getRequestDispatcher("/bookmain.jsp");
dispatcher.forward(request, response);
```

3.6.3 核心代码

主页面中的用户管理综合应用的核心代码如下：

```
bookmain.jsp
%@page language="java" import="java.util.*" pageEncoding="utf-8"%>
<!DOCTYPE HTML PUBLIC "-//W3C//DTD HTML 4.01 Transitional//EN">
<html>
<head><script src="JS/jquery-2.1.1.js" ></script></head>
<body>
 <div>
    <div style="width: 800px; margin: auto;" align="center">
        <h3 align="center">网上书店</h3>
        <a href="login.jsp" >登录</a>
        <a href="register.jsp" >注册</a>
        <a href="person.jsp" >个人中心</a>
        <a href="Exit"  >安全退出</a><span id="welcome"></span>
    </div>
      <div style="width:800px; height: 800px; margin: auto;background: #d4dedf;"
        align="center"><span ><FONT SIZE=5>欢迎进入网上书店</FONT></span>
    </div>
    <%String username=(String)session.getAttribute("name");
      if(username!=null){%>
```

```
        <script type="text/javascript">
            $("#welcome").html("欢迎你"+"<%=username %>");
        </script><%}
    else { %>
        <script >$("#welcome").html("");</script><%} %>
</div></body></html>
```

3.7 本章小结

JSP 内置对象可以在 JSP 页面中直接使用,在 Servlet 中,request 对象和 response 对象由容器直接生成并且以参数方式传送给相关 Servlet,其他内置对象需要从页面上下文对象获得。在 9 个内置对象中,重点掌握的是 request 对象和 session 对象的用法。在后面的章节中,还将讨论 session 对象在程序中的应用。

第4章 异步通信 Ajax 技术

在 Web 应用系统中，异常请求模式越来越普遍，Ajax 技术被广泛采用。本章介绍了 Jquery Ajax 技术的实现，进一步地提出了 HTML＋Ajax＋Servlet 的开发模式，并且通过对第 3 章例子的代码重构，说明 HTML＋Ajax＋Servlet 的开发模式的特点。

4.1 Web 同步请求与异步请求模式

4.1.1 基本概念

首先介绍 Web 同步通信和异步通信的相关概念。

(1) 同步通信：发送方发出数据后，等接收方发回响应以后，再发送下一个数据包的通信方式。

(2) 异步通信：发送方发送数据后，不等接收方发回响应，接着发送下一个数据包的通信方式。

(3) Web 同步请求模式：浏览器向 Web 服务器发出请求后，Web 服务器进入响应模式，在服务器处理请求/响应对期间，用户不能继续使用浏览器，只能等待。

传统的 JSP 页面属于同步请求模式。

(4) Web 异步请求模式：在异步请求/响应对的处理中，Web 用户在当前异步请求被处理时还可以继续使用浏览器。一旦异步请求处理完成，则异步响应客户机页面。在这个过程中一般请求过程对 Web 用户没有影响，不需要等候响应。

下面简要介绍 Web 同步请求模式和异步请求模式两种技术过程。

(1) Web 同步请求模式的技术过程：当用户向服务器发送请求时，由服务器实时动态生成 HTML，发回给客户的浏览器，因此，无论前端（客户浏览器）请求的目标页面（包括 JSP、Servlet）是否与当前在客户端显示的页面是否相同，都重新且全部刷新页面。

(2) 异步请求模式的技术过程：当用户通过 Ajax 向服务器发送请求时，服务器发回数据(一般是 JSON 格式)给客户端，客户端实时生成 HTML 并渲染显示。

这两种技术的核心差别在于页面渲染的时间与空间，同步请求模式(如传统的 JSP)页面渲染在服务器端，而异步请求模式的页面渲染在客户端。两种模式的应用程序(传统的 Web 应用程序与 Ajax Web 应用程序)模型的基本原理如图 4-1 所示。

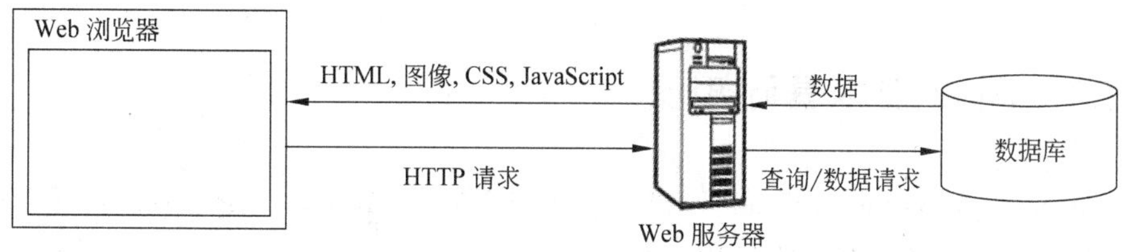

(a) 传统 Web 应用程序模型

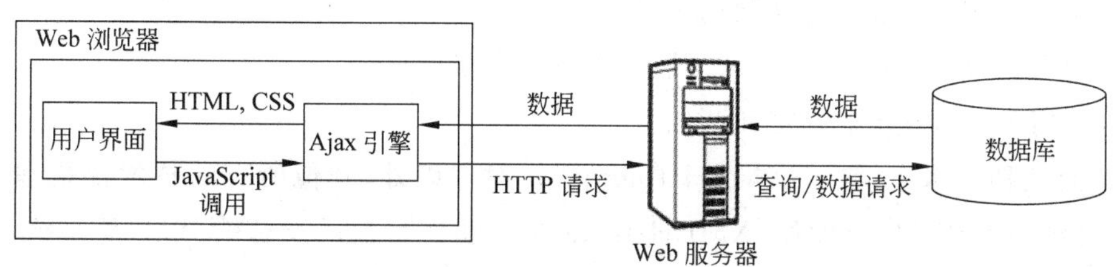

(b) Ajax Web 应用程序模型

图 4-1 两种模式的应用程序模型的基本原理

4.1.2 Web 项目中的页面迁移

从前面章节介绍中可以发现多种页面迁移方式，页面迁移方式属于 Web 同步请求模式，总结于表 4-1。

表 4-1 页面迁移方式

起始页面	目的页面	请求与跳转方式
HTML	HTML	超链接、表单提交、JS 技术等
	Servlet	
	JSP	
Servlet	HTML	页面转发：Dispatch、response 等技术实现
	Servlet	
	JSP	
JSP	略	略

而在异步请求模式中，基本没有页面迁移之说，所有业务过程都在一个页面内完成。用户在实际项目开发中，需根据需求进行合理的设计。

4.2 Ajax 技术基础

4.2.1 Ajax 技术基础知识

Ajax 的全称是 Asynchronous JavaScript and XML。其中，Asynchronous 是“异步”的意思，它有别于传统 Web 开发中采用的同步方式。Ajax 并不是一种新的技术，而是几种原有技术的结合体。Ajax 由下列技术组合而成：

(1) 使用 CSS 和 XHTML 来表示网页内容。

(2) 使用 DOM 模型来交互和动态显示。

(3) 使用 XMLHttpRequest 来与服务器进行异步通信。

(4) 使用 JavaScript 来绑定和调用。

在上面几种技术中，除了 XMLHttpRequest 对象以外，其他所有的技术都是基于 Web 标准，并且已经得到了广泛使用，XMLHttpRequest 虽然目前还没有被 W3C 所采纳，但是它已经是一个事实的标准，因为目前几乎所有的主流浏览器都支持它。

XMLHttpRequest 对象提供了对 HTTP 协议的完全的访问，包括提供 post、head 请求以及普通的 get 请求能力。该对象可以同步或异步返回 Web 服务器的响应，并且能以文本或者一个 DOM 文档形式返回内容。尽管名为 XMLHttpRequest，但它并不限于和 XML 文档一起使用，它可以接收任何形式的文本文档。

4.2.2 Jquery Ajax 技术

Jquery 库提供了 $.ajax(参数列表)方法，它简化了 Ajax 的开发流程，提高了开发效率。为了说明问题，下面首先从一个简单例子入手，完成登录页面的功能，具体代码如下：

```
login.html:
<!DOCTYPE html>
<html>
<head>
<title>login.html</title>
<meta http-equiv="Content-Type" content="text/html; charset=utf-8" />
<scriptsrc="JS/jquery-2.1.1.js" ></script>
    <script>
    $(function(){
        $("#submit").click(function(){
```

```
        $.ajax({url:"Login",
        type:"post", data:{"name":$("#name").val(),"pass":$("#pass").val()},
        success:function(data){
            if(data=="error")$("#ms").html("密码或用户名错误");
            else {
                $("#ms").html("");
                window.location.href="main.html";
            }},
        error:function(){  $("#ms").html("系统出错"); }
        });
    });
});
    </script>
  </head>
  <body>
    <form  action="Login" method="post">
        <P>用户名<input  type="text" size="20" id="name"></P>
        <P>密码<input  type="password" size="20" id="pass"></P>
        <P><input  type="button" id="submit" value="提交"></P>
    </form>
    <span id="ms"></span>
  </body>
</html>
```

Servlet(Login)的核心代码如下：

```
...
String name=request.getParameter("name");
if(name==null)  name="error";
String pass=request.getParameter("pass");
if(pass==null)  pass="error";
StringreturnString="error";
if(name.equals("123")&& pass.equals("123"))
    returnString="ok";
out.write(returnString);
...
```

1. Jquery 的 $. ajax()方法介绍

Jquery 的 $. ajax()方法如下：

```
$.ajax({
    //常用的参数:
    type: "请求方式"
    url: url
    data: data                     //一般是:key/value,后台根据 key 来接收值
```

```
  success:回调函数
  error:系统出错,回调函数
  dataType: dataType,       //返回的数据类型
//不常用的参数:
async:                      //默认设置为 true
cache:                      //默认为 true(当 dataType 为 script 时,默认为 false)
timeout:                    //要求为 Number 类型的参数,设置请求超时时间(ms)
});
```

上述参数说明如下。

type：要求为 String 类型的参数，请求方式为 post 或 get，默认为 get。要注意其他 HTTP 请求方法，例如 put 和 delete 也可以使用，但仅部分浏览器支持。

url：要求为 String 类型的参数，为发送的请求地址。

timeout：要求为 Number 类型的参数，设置请求超时时间(ms)。此设置将覆盖 $.ajaxSetup()方法的全局设置。

async：要求为 Boolean 类型的参数，默认设置为 true，所有请求均为异步请求。如果需要发送同步请求，请将此选项设置为 false。注意，同步请求将锁住浏览器，用户其他操作必须等待请求完成才可以执行。

cache：要求为 Boolean 类型的参数，默认为 true(当 dataType 为 script 时，默认为 false)。设置为 false 将不会从浏览器缓存中加载请求信息。

data：要求为 Object 或 String 类型的参数，发送到服务器的数据。通常 data 不是字符串，在传输过程中将被自动转换为字符串格式，get 请求中将附加在 url 后。为防止这种自动转换，可以查看 processData 选项。对象必须为 key/value 格式。例如，将{foo1:"bar1", foo2:"bar2"}转换为 &foo1=bar1& foo2=bar2。如果是数组，Jquery 将自动地为不同的值对应同一个名称。例如，将{foo:["bar1", "bar2"]}转换为 &foo=bar1&foo=bar2。

dataType：要求为 String 类型的参数，预期服务器返回的数据类型。如果不指定，JQuery 将自动根据 HTTP 的 mime 信息返回 responseXML 或 responseText，并作为回调函数参数传递。可用的类型如下：

xml：返回 XML 文档，可用 JQuery 处理。

html：返回纯文本 HTML 信息，包含的 script 标签会在插入 DOM 时执行。

script：返回纯文本 JavaScript 代码。不会自动缓存结果，除非设置了 cache 参数。注意，在远程请求时(不在同一个域下)，所有 post 请求都将转为 get 请求。

json：返回 JSON 格式数据。

jsonp：返回 JSONP 格式数据。使用 JSONP 格式调用函数时，例如 myurl? callback=?，JQuery 将自动替换后一个，“?”为正确的函数名，以执行回调函数。

text：返回纯文本字符串。

beforeSend：要求为 Function 类型的参数，发送请求前可以修改 XMLHttpRequest 对象的函数，例如添加自定义 HTTP 头。在 beforeSend 中，如果返回 false，则可取消本次

Ajax 请求。XMLHttpRequest 对象是唯一的参数。

success：要求为 Function 类型的参数，请求成功后所调用的回调函数。该函数有以下两个参数：

① 由服务器返回并根据 dataType 参数进行处理后的数据。

② 描述状态的字符串(可选)。

例如：

function(data,textStatus)中的 data 可能是 xml、json、html、text 等类型。

error：要求为 Function 类型的参数，请求失败时被调用的函数。该函数有 3 个参数，即 XMLHttpRequest 对象、错误信息、捕获的错误对象(可选)。

2. 其他常用的实现 Ajax 的方法

除了上面介绍的 \$.ajax()方法外，Jquery 可以在特殊条件下对 \$.ajax()方法作进一步简化。例如，\$.post()、\$.get()、\$.getJSON()及 load()方法。下面介绍这些方法的基本用法。

1) \$.post()方法

\$.post()方法如下：

```
$.post(url,[data],[callback],[type])
```

其中，参数介绍如下。

url(必须)：发送请求的地址，要求是 String 类型。

data(可选)：发送给后台的数据，要求是 key/value 形式{a:value1,b:value2}，即 JSON 格式。

callback(可选)：请求成功后的回调函数。

type(可选)：服务器返回的数据类型。

例如：

```
$.post(url,{userName:, "123"password: "456"},function(resultJSONObject){
    if(resultJSONObject.success){
        $.messager.alert(,"添加成功","info");
    }else{
        $.messager.alert("系统提示","添加失败","error");
    }
},"json");
```

2) \$.get()方法

\$.get()方法与 \$.post()方法类似，读者可以参考相关手册。

3) \$.getJSON()方法

\$.getJSON()与 \$.ajax({url: url,data: data, success: callback,dataType: json})相同。

4) load()方法

load()方法通过 Ajax 请求从服务器加载静态数据,例如 html、text 等,并把返回的数据放置到指定的元素(如 div)中。例如,$("button").click(function(){$("#div").load('1. html');});,该方法用途广。

HTML+Ajax+Servlet 开发模式

4.3.1 HTML+Ajax 与 JSP 技术比较

在前面章节中,对于 MVC 开发模式,视图层主要由 JSP 页面担当。在传统的 JSP 页面开发中,从代码角度分析,尽管 JSP 页面侧重于界面(UI),并且它越来越靠近 HTML,但它还是少不了必要的 Java 代码,这样会带来一些问题,主要问题如下:

(1) 对前端 UI 工程师提出更高要求(设计人员需要掌握 Java)。

(2) 前、后端开发分离不彻底,视图层采用 JSP,这意味着服务器技术必须采用基于 Java 的技术。

(3) 由于前、后端耦合相对较强,并行开发、模块化开发有难度,影响开发效率。

基于上述原因,目前在 Web 项目开发中,前端开发技术倾向于纯 HTML,利用 Ajax 技术与后台能进行通信,并统一前后台通信的数据格式(JSON)。

当然,并不是说 JSP 技术一无是处,而 Ajax 技术是万能的,在工程领域,技术没有先进与落后之分,只有合适与不合适之说。从上面所分析的两种技术特点可知,Ajax 技术适合页面的部分刷新,而 JSP 技术适合主页面的生成(主页面动态部分较多)。

4.3.2 基于 Ajax 的主页面中的用户管理

1. 功能需求分析

在本节中,对第 3 章的综合案例进行重构,整个页面简化为 bookmain. html,具有登录、个人中心、安全控制等功能。基本功能要求如下:

(1) 不设计独立的 login. html,利用 CSS 技术把登录页面合并到主页面中。

(2) 非登录用户只有浏览主页面的权利。

(3) 登录用户可以查看"个人中心"。

(4) 安全控制:非登录用户不能通过 URL 等手段进入"个人中心"。

(5) 退出系统功能:操作该功能后,系统消除用户访问记录,避免非法用户利用 URL 及其他手段进入系统。

登录前的界面如图 4-2 所示。

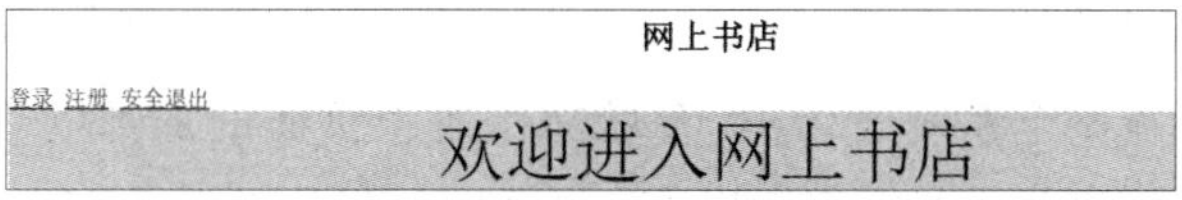

网上书店
登录 注册 安全退出
欢迎进入网上书店

图 4-2　登录前的界面

登录后界面如图 4-3 所示。

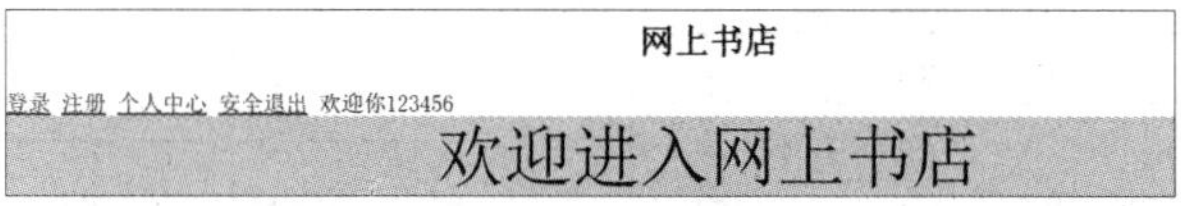

网上书店
登录 注册 个人中心 安全退出 欢迎你123456
欢迎进入网上书店

图 4-3　登录后的界面

登录界面如图 4-4 所示。

用户登录
输入账号：
123456
输入密码：
提交
返回主页面

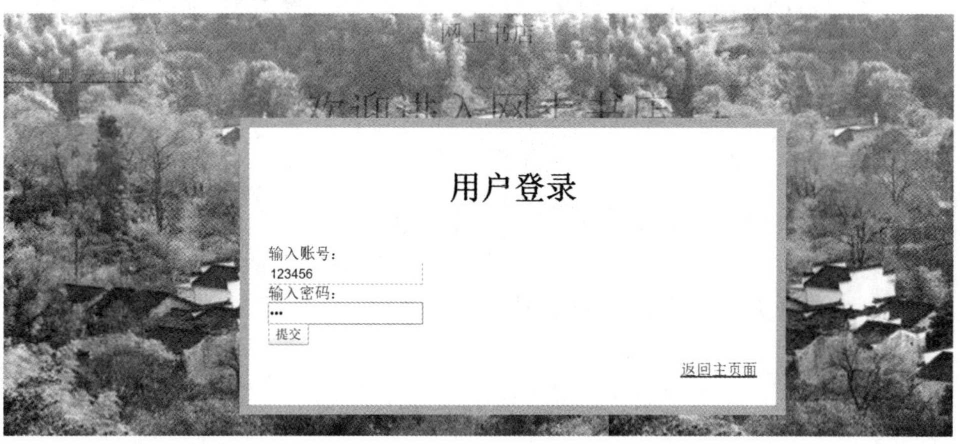

图 4-4　登录界面

2. 关键技术

(1) session 技术：当用户成功登录后，把用户名写入 session 对象中，登录处理的 servlet(LoginAjax)的相关代码如下：

```
…
if(LoginManagement.login(account, secret)){          //登录成功
    session.setAttribute("name", account);
…
```

当登录用户打开“个人中心”，即可通过 Ajax 向后台获取个人相关信息，而获取信息的关键是首先从 session 对象中取出“用户名”。

非登录用户通过非法手段访问“个人中心”页面时，该页面首先通过 Ajax 向后台 Servlet 查询 session 对象中的登录信息。若是非登录用户，Servlet 则返回错误信息，“个人中心”页面就直接跳转到主页面。

当用户操作“安全退出”后，则通过 Ajax 技术在后台让 session 无效，即：

```
session.invalidate();
```

(2) Ajax 技术：在整个系统设计中，大量操作属于页面的局部刷新，所以 Ajax 技术被大量采用。例如“登录”操作，在主页面中可以打开“登录”DIV 块，利用 CSS 技术就可实现。

3. 页面迁移时序图

以登录过程为例，页面迁移时序如图 4-5 所示。

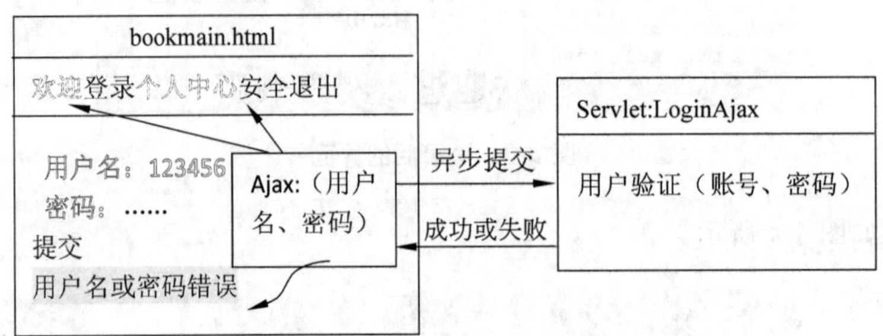

图 4-5 登录页面迁移时序

个人中心：可作简化处理。

安全退出：略。

4. 核心代码

视图层：主页面 bookmain. html 代码如下：

```
<!DOCTYPE html>
<html>
<head>
<title>bookmain.html</title>
<meta http-equiv="content-type" content="text/html; charset=UTF-8">
<style>
.window{display: none; position: absolute; top: 0%; left: 0%; width: 100%; height: 100%; background-image:url(123.jpg);z-index:5; -moz-opacity: 0.8; opacity:.80; }
.loginbox{ display: none; position: absolute; top: 25%; left: 25%; width: 50%; height: 50%; padding: 20px; border: 10px solid orange; background-color: white; z-index:12; }}
</style>
<scriptsrc="JS/jquery-2.1.1.js" ></script>
<script type="text/javascript">
$(function(){
    $("#login").click(function(){
        //1.主页面变灰;2.登录页面显示
        $(".window").show();
        $(".loginbox").show();
        });
    $("#returnMain").click(function(){
```

```
            //1.主页面可见;2.登录页面不可见
            $(".window").hide();
            $(".loginbox").hide();
        });
        $("#person").click(function(){
            window.open("person.html");
        });
    });
  </script>
</head>
<body>
  <div class="window" ></div>
  <div class="loginbox" >
    <h1 align="center">用户登录</h1>
    <FORM action="" Method="post">
    <BR>输入账号 <BR><Input type="text" id="account">
    <BR>输入密码:<BR><Input type="password" id="secret">
    <BR><Input type="button" name="g" value="提交" onclick="$.submit()"><BR>
    <span id="info"></span>
    <p align="right"><a href="javascript:void(0)" id="returnMain">返回主页面
    </a></p>
    </FORM>
</div>
    <div>
    <div style="width: 1000px; margin: auto;" align="left">
        <h2 align="center">网上书店</h2>
        <a href="javascript:void(0)" id="login" >登录</a>
        <a href="javascript:void(0)" id="reg">注册</a>
        <a hidden="hidden" id="person" href="javascript:void(0)">个人中心</a>
        <a href="javascript:void(0)" onclick="$.exit()">安全退出</a>
        <span id="welcome" ></span>
    </div>
    <div style="width: 1000px; height: 1000px; margin: auto;background: #d4dedf;
    "  align="center">
        <span ><FONT SIZE=8>欢迎进入网上书店</FONT></span>
    </div>
</div>
<script type="text/javascript">
    $.submit=function(){
    $.ajax({url:"LoginAjax",type:"post",data:{"account":$("#account").val(),
    "secret":$("#secret").val()},
    success:function(data){
        if(data=="error")                              //登录失败
            $("#info").html("密码或用户名错误"); //提示信息
```

```
else {                                                  //登录成功
        $("#welcome").html("欢迎你"+data);              //显示:欢迎你×××
            $("#account").val("");                      //清空
            $("#secret").val("");                       //清空
            $("#info").html("");                        //提示信息清空
            $(".loginbox").hide();                      //登录框隐藏
            $(".window").hide();                        //背景隐藏
            $("#person").show();                        //个人中心可见
            }},
    error:function(){  $("#info").html("系统出错"); }
});}
$.exit=function(){
    $("#person").hide();                                //个人中心不可见
    $("#welcome").html("");                             //不显示:欢迎你×××
    $("#account").val("");                              //清空
    $("#secret").val("");                               //清空
    $("#info").html("");                                //提示信息清空
    $.post("ExitAjax");                                 //利用 Ajax 删除 session 或使之无效
  }
  </script>
</body></html>
```

人中心 person.html:

```
<!DOCTYPE html>
<html>
<head>
<title>person.html</title>
<meta http-equiv="content-type" content="text/html; charset=UTF-8">
<scriptsrc="JS/jquery-2.1.1.js" ></script>
<script type="text/javascript">
$(function(){
/**利用 Ajax 向后台取回来 session 中的用户名。
若 session 不存在或 session 中没有写入用户名,则为非登录用,页面迁移到主页面;
若为合法用户,则显示用户的相关信息 */
  $.ajax({url:"PersonInfo",type:"post",
  success:function(data){
      if(data=="error"){          //后台返回 error,非登录用户(利用 URL)打开该页面
          //页面迁移到主页面,以后也可用监听器技术
          window.location.href="bookmain.html";
          }
      else $("#info").html("个人信息:"+data); //data 是后台返回的信息
      }
  });
 });
</script>
```

```
</head>
<body>
  <h1 align="center">个人中心</h1>
  <a href="javascript:void(0)" onclick="window.close();">返回主页面</a>
  <div id="info"></div>
</body></html>
```

控制层 Servlet：LoginAjax 代码如下：

```
public class LoginAjax extends HttpServlet {
    ...
    public void doGet (HttpServletRequest request, HttpServletResponse
    response)throws ServletException, IOException {
    response.setContentType("text/html;  charset=utf-8");
    PrintWriter out=response.getWriter();
    HttpSession session=request.getSession();
    String account=request.getParameter("account");
    if(account==null){account="";}
    String secret=request.getParameter("secret");
    if(secret==null)secret="";
    if(LoginManagement.login(account, secret)){  //登录成功
        session.setAttribute("name", account);
        //System.out.println(account);
        out.write(account);                          //写回 OK

    }
    else out.write("error");
}
...
```

Servlet：PersonInfo 代码如下：

```
public class PersonInfo extends HttpServlet {
    public void doGet (HttpServletRequest request, HttpServletResponse
    response)throws ServletException, IOException {
    ...
    response.setContentType("text/html");
    PrintWriter out=response.getWriter();
    HttpSession session=request.getSession();
    String account=(String)session.getAttribute("name");
    if(account==null)
        out.write("error");
    else out.write(account);
    }
    ...
}
```

Servlet：ExitAjax 代码如下：

```
public class ExitAjax extends HttpServlet {
    public void doGet(HttpServletRequest request, HttpServletResponse
    response)throws ServletException, IOException {
        HttpSession session=request.getSession();
        session.invalidate();
        }
        ...
    }
```

4.4 本章小结

随着 Web 项目越来越重视用户体验，单页面系统得到了广泛应用，而且在开发过程中越来越重视协同开发和并行开发。因此，通过 Ajax 技术实现异步通信已成为常态，而且利用 Ajax 技术，前端页面可以用 HTML 替换 JSP 页面，使得系统开发的技术方案多了一种选择。

第 5 章 JSON 技术

JSON 是一种轻量级的数据交换工具，无论是 Web 项目还是移动应用项目，它逐渐成为前后端数据交换的主流格式。本章介绍在 JS、Java 环境下，JSON 对象的格式及其解析方法，通过案例，加深对 JSON 这种主流的数据格式的理解。

5.1 JSON 基本概念

JSON(JavaScript Object Notation)是一种数据表达方式，也是一种轻量级的数据交换工具。它是基于 ECMAScript 的一个子集，与 XML 相比，JSON 语法更简单，解析更容易，可以用于前端，也可用于后端，现在渐渐成为前后端复杂数据描述及通信的主流工具。JSON 采用完全独立于语言的文本格式，但是也使用了类似于 C 语言家族(包括 C、C++、C#、Java、JavaScript、Perl、Python 等)的习惯。这些特性使 JSON 成为理想的数据交换语言，易于人们阅读和编写，同时也易于机器解析和生成。

1) JSON 语法规则

JSON 语法是 JavaScript 对象表示语法的子集，具体如下：

- 数据在键值对中。
- 数据由逗号分隔。
- 花括号(大括号)保存对象。
- 方括号保存数组。

2) 键/值对

键/值对{key：value}，其中 key 是字符串类型，value 与 JS 中的数据类型一致(最早是出现在 JS 中)，即有以下几种类型：

- 数字(整数或浮点数)，如{"age"：23}。
- 字符串，如{"name"："张三"}。
- 逻辑值(true 或 false)，如{"已婚"：false}。

- 数组,如{"区":["海淀区","朝阳区","东城区","西城区"]}。
- 对象,如{"personInfor":{"name":"张","age":24}}。
- Null。

【例 5-1】 JSON 示例。

```
var person={"name":"John Johnson","street":"Oslo West 555", "age":33,"phone":"555-
1234567"};
```

【例 5-2】 JSON 的对象数组:数组元素是 JSON 对象,以下是用户表的 3 条记录。

```
var UserList=[ {"UserID":11, "Name": {"FirstName":"Truly", "LastName": "Zhu"},
"Email":"zhuleipro@hotmail.com"},
{"UserID":12,"Name":{"FirstName":"Jeffrey","LastName":"Richter"}, "Email":"xxx@
xxx.com"},
{"UserID":13,"Name":{"FirstName":"Scott","LastName":"Gu"}, "Email":"xxx2@xxx2.
com"} ];
```

5.2 JS 环境下的 JSON 技术

在 JS 环境下,由于 JSON 是 JS 对象,所以处理 JSON 对象与处理其他 JS 对象一样,对其常用的有增加、删除、修改、查询(即 CURD)操作,无须导入额外的包。

5.2.1 JSON 对象的操作

1. 增加、修改操作

增加操作如下所示:

```
var student={};                              //一个空对象
student.name="张三";
```

结果:

```
{"name": "张三"};
student["ID"]="123456";
```

结果:

```
{"name": "张三","ID":"123456"};
```

修改操作可按上述方法处理。

2. 取值、查询操作

取值或查询操作如下所示:

```
var name=student.name
```

或

```
name=student["name"];
```

3. 遍历操作

遍历操作类似于数组操作，不过下标得用key替换，如下所示：

```
for(var value in student)
    alert(student[value]);            //类似于数组下标(键值为下标)
```

4. 删除操作

删除JSON对象中的一组key/value对，可用delete(key)方法，例如：

```
delete(student ["name"]);
```

其结果相当于删除了“name”：“张三”。

5. 其他操作

例如JSON格式字符串与JSON对象的字符串相互转换。

在客户端的浏览器与后端服务器通信中，一般是以字符串形式进行，因此需要把前端的JSON对象转换成字符串形式；同样，从后端发过来的是JSON格式字符串，前端接收后，也需要转换成JSON对象，以方便前端JS处理。所以，JSON对象与字符串的相互转换也是一种常用技术。这种处理需要导入额外的第三方包(json2.js)，例如：

导入包：

```
<script src="JS/json2.js" ></script>
```

假设：

```
formJson={"name": "张三","ID":"123456"};
var userData=JSON.stringify(formJson);        //对象转换为字符串
```

那么以上代码的作用为：

```
userData='{"name": "张三","ID":"123456"}'
```

代码如下：

```
$.ajax({url:"servlet/Register",
        type:"post",
        data:{"mydata":userData},
        …
```

反之，从后端返回的JSON格式字符串，前端接收后，需要转换成JSON对象，其一般形式如

```
var jsonOBJ=JSON.parse(jsonString);
```

5.2.2 案例：动态表格的生成

需求：从后端动态取回符合要求的若干本书的信息，前端收到后，以表格形式表现出来。假设从后端传来的是一个 JSON 对象数组的字符串，具体形式如下：

```
books='[{"bookID":"1","bookname":"数据结构","price":30,"num":1},
    {"bookID":"2","bookname":"C 程序设计","price":20,"num":1},
    {"bookID":"3","bookname":"数据通信","price":35,"num":1}]'。
```

前端收到后，需要转换成 JSON 对象数组：

```
var jsonObj=JSON.parse(books);
```

前端页面的核心代码如下：

```
<html>
<head>
…
$.ajax({
    url:"Display",
    type:"post",
    datatype: "json",
    success:function(books){
        var jsonObj=JSON.parse(books);
        //表格动态加一行,数据由 jsonObj 提供
        for(var row in jsonObj){      //对于 JSON 数组中的每一个 JSON 对象,在指定表格
                                        中增加一行并插入数据
    $("#table").append("<tr><td><input type=radio value="+jsonObj[row].bookID)
    +" name=book /></td><td>"
    +jsonObj[row].bookID+"</td><td>"
    +jsonObj[row].bookname+"</td><td>" +jsonObj[row].price+"</td><td>"
    +jsonObj[row].num +"</td></tr>");
    }
  },
    error:function(){  alert("error");}
});
  </script>
…
  </head>
    <table id="table"  border="1" cellspacing="1" cellpadding="1">
        <tr><td >选择</td><td >书号</td><td >书名</td>
        <td >价格</td><td >数量</td>
        </tr></table>
…
```

运行效果如图 5-1 所示。

删除 修改 清空

选择	书号	书名	价格	数量
○	1	数据结构	30	1
○	2	C程序设计	20	1
○	3	数据通信	35	1

图 5-1 动态表格效果

5.3 Java 环境下的 JSON 技术

JSON 对象应用需要导入专门的处理包(工具包)。用 Java 实现 JSON 接口规范的工具包有很多,常用的有 JSON-lib、fastonjson 等,可以到相关官网下载,本书采用 JSON 的处理包。下载 JSON-lib 的处理包后,在 MyEclise 开发环境下,把下载后 lib 处理包的文件复制到 WEB-INF/lib 目录下,具体如图 5-2 所示。

```
WebRoot
  JS
  META-INF
  pic
  WEB-INF
    lib
      commons-beanutils-1.8.0.jar
      commons-collections-3.2.1.jar
      commons-lang-2.5.jar
      commons-logging-1.1.1.jar
      ezmorph-1.0.6.jar
      json-lib-2.4-jdk15.jar
      mysql-connector-java-5.1.34-bin.jar
      servlet-api.jar
```

图 5-2 JSON 的处理包

可以下载 JSON 相关的帮助文档 JSON. chm。

5.3.1 JSONObject 类核心功能介绍

Java 中的 JSON 对象与 JS 中的 JSON 对象是有区别的。首先,对于 key/value,value 的数据类型不一样,各自遵守自己的语法特点,例如在 Java 中,value 的数据类型包括 int、long、double、String 和 Object 等;其次,处理和解析 JSON 对象,其核心方法也有很大区别。JSONObject 是一个 Final 类,继承了 Object,实现了 JSON 接口。

JSONObject 类的构造方法:

```
JSONObject();                      //创建一个空的 JSONObject 对象,用户可增加内容
JSONObject(boolean isNull);        //创建一个是否为空的 JSONObject 对象
```

常用的 API 主要分两类,第一类是从其他数据构建一个 JSON 对象(类似构造器作用),且可以反转,即把 JSON 对象转换成其他实体对象,主要有两种方法,具体如下:

（1）方法一：

```
static JSONObject fromObject(Object obj)//obj:Map、Bean、String 等类型
```

注意，Bean 一般是指有严格规范的实体类。例如，学生类，只有 get/set 方法（可以自动生成）。

（2）方法二：

```
static Object JSONObject.toBean(Object obj, Class class);
```

【例 5-3】 从 MAP 构建一个 JSON 且反转实例。

```
Map map=new HashMap();
map.put("name", "张三");
map.put("age", 24);
JSONObject obj=JSONObject.fromObject(map);
System.out.println(obj);
```

运行结果：

```
{"age":24,"name":"张三"}
```

反转：

```
map=(Map)JSONObject.toBean(obj, Map.class);
System.out.println(map);
```

运行结果：

```
{name=张三, age=24}
```

【例 5-4】 从实体类构建一个 JSON 对象且反转。

```
Book book=new Book("B15001","计算机",30,"科学出版社");  //假设定义 Book 实体类
JSONObject obj=JSONObject.fromObject(book);
System.out.println(obj);
```

运行结果：

```
{"bookID":"B15001","bookName":"计算机","price":30,"publishing":"科学出版社"}
```

反转：

```
book=(Book)JSONObject.toBean(obj, Book.class);
System.out.println(book.getBookID());
```

运行结果：

```
B15001
```

【例 5-5】 从 JSON 格式字符串构建一个 JSON 对象且反转。

```
String strJSON="{price:30}";
```

```
JSONObject obj=JSONObject.fromObject(strJSON);
System.out.println(obj);
```

运行结果：

```
{"price":30}
```

反转：

```
s=(String)JSONObject.toBean(obj, String.class);
```

上述代码，在理论上是可以的，但是没必要这样做，可以用：

```
s=obj.toString();
```

第二类主要是对JSON对象内部数据的增加、删除、修改、查询及遍历等操作。

(1) JSON对象中value值的获取：用get方法。一般标准是：getXxx，其中“Xxx”表示与key相对应的value的数据类型。例如，int age=student.getInt("age")，具体如图5-3所示。

```
get(Object key) : Object - JSONObject
get(String key) : Object - JSONObject
getBoolean(String key) : boolean - JSONObject
getClass() : Class<?> - Object
getDouble(String arg0) : double - JSONObject
getInt(String key) : int - JSONObject
getJSONArray(String key) : JSONArray - JSONObject
getJSONObject(String key) : JSONObject - JSONObje
getLong(String key) : long - JSONObject
getString(String key) : String - JSONObject
```

图5-3 JSONObject相关方法

例如：

```
JSONObect obj=new JSONObect();
obj.put("是不是党员",true);obj.put("age",24);
boolean flag=obj.getBoolean("是不是党员");
int age=obj.getInt("age");
```

(2) 判断JSON对象中相应的key/value是否存在，具体方法如下：

```
boolean containsKey(String key)
```

(3) JSON对象的遍历操作，采用用迭代器方法：obj.keys()。

【例5-6】 已知JSON对象，可用以下代码进行遍历：

```
Iterator keys=json.keys();
Object o;
while(keys.hasNext()){
    key=keys.next();
    o=json.get(key);
}
```

(4) 增加与修改操作：采用 put(key,value)方法。

(5) 删除与清空操作：删除操作采用 obj.remove(key)方法。清空操作采用 obj.clear()方法。

5.3.2 JSONArray 类介绍

Java 中的 JSONArray 对象相当于 JS 中的 JSON 对象数组，经封装后给予了一些特定功能，以方便用户处理。在后端，JSONArray 对象可以封装从数据库获取的对象集合（结果集），并与前端 JS 环境下的 JSON 对象数组相对应。前端可以用专门方法（前节所述）把后端传来的 JSONArray 对象字符串转换成 JSON 对象数组。所以，JSONArray 类在项目开发中有其特定的作用，图 5-4 说明了前端、后端与数据库三者之间的关系。

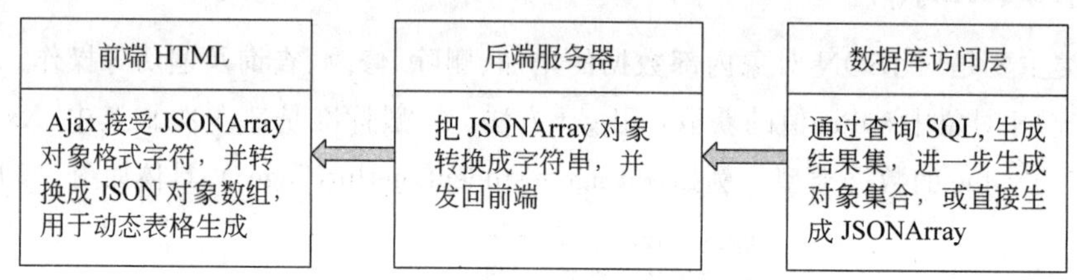

图 5-4　JSONArray 对象在项目中的特定作用以及前端、后端与数据库三者之间的关系

JSONArray 类的主要方法介绍如下。

(1) 构造器：

```
JSONArray obj=new JSONArray()
```

(2) 对象转化操作：

```
JSONArray.fromObject(object)
```

Object 一般是集合对象，如 List（表）、Array（数组）以及符合要求（JSON）的字符串等，该操作把实体对象数组转换为 JSONArray 对象。例如：

```
ArrayList<Book>bookList=BookManagement.queryBook();
JSONArray test=JSONArray.fromObject(bookList);
```

以下给出 BookManagement.queryBook()的示例代码：

```
ArrayList<Book>bookList=new ArrayList<Book>();
bookList.add(new Book("b15001","计算机",30,"科学出版社"));
bookList.add(new Book("b15002","数据通信",40,"人民出版社"));
bookList.add(new Book("b15003","数据库",50,"清华大学出版社");
```

备注：Book 是个实体类（Bean），bookList 是对象数组，则 test 的值：

```
[{"bookID":"b15001","bookName":"计算机","price":30,"publishing":"科学出版社"},
{"bookID":"b15002","bookName":"数据通信","price":40,"publishing":"人民出版社"},
{"bookID":"b15003","bookName":"数据库","price":50,"publishing":"清华大学出版社"}].
```

(3) 查询与遍历操作,查询可以用数组下标法(与 Java 中的 ArrayList 相同)。例如:

```
System.out.println(test.get(0));
```

遍历可用数组下标法,也可用迭代器方法,参考代码如下:

```
for(int i=0;i<test.size();i++)
    System.out.println(test.get(i))
```

(4) 增加、修改与删除操作。

① 增加操作用 add()方法,增加的必须是 JSON 对象。例如:

```
Book book=new Book("B15004","computer",80,"科学出版社");
JSONObject obj=JSONObject.fromObject(book);
test.add(obj);
```

② 删除操作用 remove(int index)方法。

③ 其他方法还有 toArray()等。例如:

```
System.out.println(test.toArray()[0]);
```

5.4 案例:注册页面设计

要求:注册页面需要动态验证用户名是否可用,前端页面把注册信息收齐后,组装成一个 JSON 对象,用 Ajax 方法发送到后端;后端相关 Servlet 接收后,重新组装成一个 User 类对象,并且把该对象作为参数传到业务层的用户管理类进行处理,根据处理的结果向前端返回成功或失败信息。

5.4.1 系统设计

对于注册过程类的设计,系统共需要设计 4 个类,这些类的主要内容、作用及相互关系如表 5-1 所示。

表 5-1 注册过程的类及关系表

序号	类　　名	说　明	主要成员变量	主要方法(业务)	关　联　类
1	User	实体类	用户,密码,联系电话等	针对成员变量的 set/get 方法	无
2	UserManagement	业务类	无	对用户的操作与管理,包括 CURD 操作	User
3	UserCheck	Servlet	无	接受前端的用户名信息,调用业务类的相关方法,根据结果写字符串回前端	UserManagement

续表

序号	类　名	说　明	主要成员变量	主要方法(业务)	关 联 类
4	Register	Servlet	无	接受前端的用户信息,调用业务类的相关方法,根据结果写字符串回前端	User,UserManagement

注册过程时序活动如图 5-5 所示。

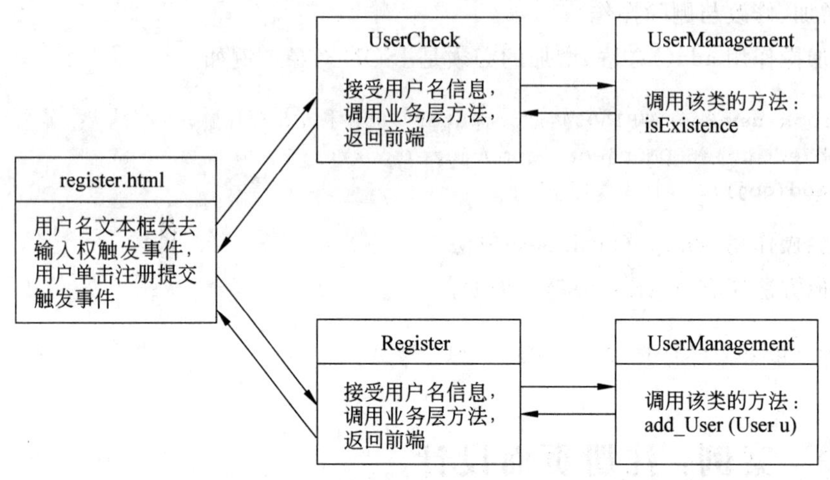

图 5-5　注册过程时序活动

5.4.2　具体实现

1. 具体类设计

(1) User 类的核心代码如下：

```
public class User {
private String userName;
private String password;
private String tell;
public User(){}
public User(String userName, String password,String tell){
    super();
    this.userName=userName;
    this.password=password;
    this.tell=tell;
    }
public String getUserName(){
    return userName;
    }
public void setUserName(String userName){
```

```
    this.userName=userName;
    }
...
}
```

(2) UserManagement 类的核心代码如下：

```
public class UserManagement {
    public static boolean add_User(User u){
        //增加一个用户代码,若不访问数据库,则
        return true;
    }
    public static boolean isExistence(String userName){
        //判断用户名是否存在,若不访问数据库,则
        if(username.equal("123")return true;
        return false;
    }
    public static boolean del_User(User u){
        //用户代码
        return true;
    }
    //其他方法,可根据项目具体需要而设置,例如:
    public static boolean del_UserByBatch(List<User>u){}
    public static boolean modify_User(User u){}
    public static boolean modify_UserByBatch(List<User>u){}
    public static JSONObject getUserInfoByUserName(String userName){}
}
```

(3) UserCheck 的核心代码如下：

```
public class UserCheck extends HttpServlet {
    //其他代码
    public void doGet (HttpServletRequest request, HttpServletResponse response)
    throws ServletException, IOException {
        response.setContentType("text/html;  charset=utf-8");
        PrintWriter out=response.getWriter();
        String name=request.getParameter("name");
        if(UserManagement.isExistence(name))
            out.write("err");
        else out.write("ok");
        out.flush();
        out.close();
        }
    //其他代码
    }
```

2. register. html 页面设计

以下为 register. html 页面设计核心代码及说明：

```
<html>
<head>
    <title>
        注册页面
    </title>
    <script src="JS/jquery-2.1.1.js" ></script>
    <script src="JS/json2.js" ></script>
    <script type="text/javascript">
    var flag=[false,false,false,false];
                                        //全局变量用来提交后进行检查,未填充的为 false
    var pass1,pass2,user;
    var formJson={};                                              //表单数据
    function jumurl(){
        window.location.href="bookmain.html";
        }
    </script>
    <script>
    $(function(){
        //以下对用户名进行检查
        $("#user").blur(function(){
            user=$("#user").val();                               //取值
            $.ajax({url:"servlet/UserCheck",
                type:"post",
                data:{name:user},
                success:function(data){
                    if(data=="ok"){
                        $("#s1")[0].innerHTML="用户名可用";
                        flag[0]=true;
                        formJson.userName=user;
                    }
                    else {
                     $("#s1")[0].innerHTML="用户名不可用";
                     flag[0]=false;
                     }
                },
                error:function(){  alert("异常!"); }
            });
        });
    $("#pass1").blur(function(){
        pass1=$("#pass1").val();
        if(pass1.length<6){
```

```
        $("#s2")[0].innerHTML="密码少于 6 位";
        flag[1]=false;
        }
    else {flag[1]=true;$("#s2")[0].innerHTML="密码可用";}
    });
$("#pass2").blur(function(){
    pass2=$("#pass2").val();
    if(pass1==pass2){
        $("#s3")[0].innerHTML="确认密码正确";
        flag[2]=true;
        formJson.password=pass2;
    }
    else {
        $("#s3")[0].innerHTML="密码不一致";
        flag[2]=false;
    }
});
$("#tell").blur(function(){
    tell=$("#tell").val();
    if(tell.length!=11){
        $("#s4")[0].innerHTML="电话格式不对";
        flag[3]=false;
    }
    else {
        $("#s4")[0].innerHTML="电话格式正确";
        flag[3]=true;
        formJson.tell=tell;
    }
});
$("#submit").click(function(e){
    if(flag[0]==false || flag[1]==false || flag[2]==false || flag[3]==false){
        alert("注册表不完整");
        }
    else {
        var userData=JSON.stringify(formJson);
        $.ajax({url:"servlet/register",
            type:"post",
            data:{"mydata":userData},
            success:function(data){
                if(data=="ok"){
                    $("#s5")[0].innerHTML="注册成功";
                    setTimeout(jumurl,3000);
                }
                else {
```

```
                        $("#s5")[0].innerHTML="注册失败";
                    }
                },
                error:function(){  alert("异常!注册失败");}
            });
            }
        });
    });
</script>
<script type="text/javascript">
</script>
</head>
<body >
    <h1 >注册页面</h1>
    <form action="" name="form"  method="post"  >
    <br>用户名:<input  type="text" value="123"  name="user" id="user" /><span
    id="s1"></span>
    <br>密码:<input  type="password" value=""  name="pass1"id="pass1" /><span
    id="s2"></span>
    <br>确认密码:<input  type="password" value="" name="pass2" id="pass2" />
    <span id="s3"></span>
    <br>联系电话:<input  type="text" value=""  name="tell" id="tell" /><span
    id="s4"></span>
    <br><input type="button"  value="提交" name="submit" id="submit" />
    <input type="reset"  value="重置"  name="reset" id="reset" />
    <br><span id="s5"></span>
    </form>
  </body>
</html>
```

5.5 本章小结

本章主要对前后端数据交换工具 JSON 进行了说明，要注意在 JSON 的 key/value 中，value 的数据类型在不同环境下(包括 JS、Java 和数据库)是不同的，转换时需要特别小心。另外还需要注意，前端页面中的关键变量名最好与实体类中的成员变量名保持一致，以方便 JSON 对象与实体对象之间的转换。无论对前端开发人员，还是后端开发人员，JSON 技术是必须掌握的技术之一。

第 6 章　Servlet 技术深入

Servlet 是一个技术体系和规范，它提供了一组类、接口和协议，用于满足 Web 服务器所需要的功能，了解这些类和接口，有助于全面认识和掌握 Servlet 技术。本章重点介绍过滤器及监听器技术，并且通过实例了解这些常用类和接口的实际应用。

6.1　Servlet 技术体系

前面介绍了 Servlet 技术的基础知识。为了全面了解 Servlet 技术体系，本节将介绍该体系中常用的类、接口及其用法，Servlet 常用的类、接口的结构如图 6-1 所示。

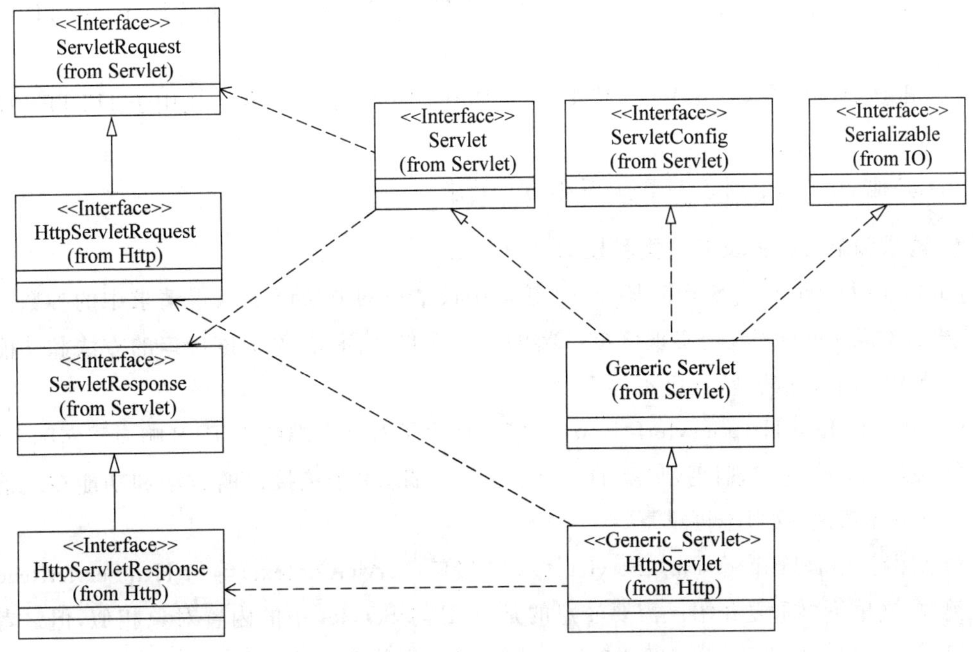

图 6-1　Servlet 常用的类、接口的结构

6.1.1 常用的类和接口

1. Servlet 实现相关的类和接口

public interface Servlet，这个接口是所有 Servlet 必须直接或间接实现的接口。它定义了以下方法：

(1) init(ServletConfig config)方法用于初始化 Servlet。

(2) destory()方法用来销毁 Servlet。

(3) getServletInfo()方法获得 Servlet 的信息。

(4) getServletConfig()方法获得 Servlet 相关的配置信息。

(5) service(ServletRequest req, ServletResponse res)是应用程序运行的逻辑入口点。

(6) public abstract class GenericServlet 提供了对 Servlet 接口的基本实现方法，它是一个抽象类。它的 service()方法是一个抽象的方法，GenericServlet 的派生类必须直接或间接实现这个方法。

(7) public abstract class HttpServlet 类是针对使用 HTTP 协议的 Web 服务器的 Servlet 类。

HttpServlet 类实现了抽象类 GenericServlet 的 service()方法。在这个方法中，其功能是根据请求类型调用合适的 do 方法(如下所示)。do 方法的具体实现是由用户定义的 Servlet 根据特定的请求/响应情况作具体实现。也就是说，do 方法必须实现以下方法中的一个。

(1) doGet()：如果 Servlet 支持 HTTP GET 请求，那么该方法就用于 HTTP GET 请求。

(2) doPost()：如果 Servlet 支持 HTTP POST 请求，那么该方法就用于 HTTP POST 请求。

(3) 其他 do 方法：用于 HTTP 其他方式请求。

2. 请求和响应相关及其他类和接口

public interface HttpServletRequest 接口中最常用的方法就是获得请求中的参数。实际上，内置对象 request 就是实现该接口类的一个实例。因此，关于该接口的方法和功能在之前章节中已经讲述清楚，这里不再重复。

public interface HttpServletResponse 接口代表了对客户端的 HTTP 响应。实际上，内置对象 response 就是实现该接口类的一个实例。因此，关于该接口的方法和功能在之前章节中也已讲述清楚，这里不再重复。

会话跟踪接口(HttpSeesion)、Servlet 上下文接口(ServletContext)等与 HttpServletRequest 接口类似，这里不再重复介绍。需要注意的是，JSP 与 Servlet 中的内置对象相似，但二者获取内置对象的方法略有不同，表 6-1 对两种技术进行了简单比较。

表 6-1 JSP 与 Servlet

技术种类	请求对象	响应对象	会话跟踪	上下文内容对象
JSP	request,容器产生,直接使用	response,容器产生,直接使用	session,容器产生,直接使用	application,容器产生,直接使用
Servlet	request,容器产生,直接使用	response,容器产生,直接使用	HttpSeesion session=request. getSeesion()	getServletContext()方法获取

3. RequestDispatcher 接口

RequestDispatcher 接口代表 Servlet 协作,在前面已经用到,它可以把一个请求转发到另一个 Servlet 或 JSP。该接口主要有两种方法。

(1) forward(ServletRequest,ServletResponse response):把请求转发到服务器上的另一个资源。

(2) include(ServletRequest,ServletResponse response):把服务器上的另一个资源包含到响应中。

RequestDispatcher 接口的 forward 处理请求转发,在 Servlet 中是一个很有用的功能,由于该种请求转发属于 request 范围,所以应用程序往往用这种方法实现由 Servlet 向 JSP 页面或另一个 Servlet 传输程序数据。其核心代码如下:

```
...
request.setAttribute("key", 任意对象数据);
RequestDispatcher dispatcher=null;
dispatcher= getServletContext().getRequestDispatcher("目的地 JSP 页面或另一
Servlet");
dispatcher.forward(request, response);
...
```

以上代码中,RequestDispatcher 的实例化由上下文的 getRequestDispatcher 方法实现,在目的地 JSP 页面或另一个 Servlet 中,用户程序可以用 request. setAttribute("key")来获取传递的数据。需要注意的是,利用 RequestDispatcher 接口的 forward 处理请求转发,其作用类似于 JSP 中的<jsp:forward>动作标签,属于服务器内部跳转,实际上 JSP 中的<jsp:forward>动作标签的底层实现就是利用 RequestDispatcher 技术。

4. 过滤器 Filter、FilterChain、FilterConfig 等接口

这些接口在 Web 应用中是比较有用的技术。例如,通过过滤可以完成统一编码(中文处理技术)、安全认证等工作。

6.1.2 Servlet 的配置

配置 Servlet 的目的,除了前面所述外,还可以通过<init-param>、<load-on-startup>等元素的设置,使容器(Tomcat)能够根据配置规则来管理 Servlet,从而实现一些特定的目标。同样，配置工作在 Web. xml 中完成。

1. < servlet>元素及其子元素

在 Web. xml 文件中，要注意各元素的顺序。<servlet>元素放在<servlet-mapping>元素之前，否则会导致 Web. xml 移植困难。以下为<servlet>元素及其子元素：

```
<servlet>
    <description>描述内容</description> *
    <display-name>显示名</display-name> *
    <servlet-name>servlet 名</servlet-name>
    <servlet-class>servlet 类名</servlet-class>
    <jsp-file>JSP 文件名</jsp-file>
    <init-param>?
        <param-name>参数名</param-name>
        <param-value>参数值</param-value>
    </init-param>
    <load-on-startup>一个整形值</load-on-startup>?
    <security-role-ref> *
        <role-name>角色名</role-name>
        <role-link>角色的一个引用</role-link>
    </security-role-ref>
</servlet>
```

以上元素中，标注星号“*”表示可以有 0 个或多个元素，问号“?”表示可以有 0 个或 1 个元素。各元素的作用及含义说明如下：

<description>元素为 Servlet 指定一个文本描述，无多大实际意义和作用。

<display-name>元素为 Servlet 指定一个简短名字，这个名字可以被某些工具所显示，无多大实际意义和作用。

<servlet-name>元素指定 Servlet 名，其作用相当于 Servlet 类的实例名，在程序中必须是唯一的。这个元素在本书前面已经应用过。

<servlet-class>元素是指 Servlet 类名，且是完整限定名称，即包括包(路径)名。这个元素在之前也已介绍过。

<jsp-file>元素是指定一个 JSP 文件名，且是完整限定名称(包括相对路径或绝对路径)。这个元素的功能就是希望像命名 Servlet 一样命名 JSP 页面。毕竟，JSP 页面可能会从初始化参数、安全设置或定制的 URL 中受益，就像普通的 Serlvet 那样。虽然这句话“JSP 页面在后台实际上是 Servlet”是正确的，但是却存在一个关键的问题：用户不知道 JSP 页面的实际类名，因为这个工作是由系统(容器)根据自己的规则执行的。因此，为了命名 JSP 页面，可将 jsp-file 元素替换为 servlet-calss 元素。

< init-param >用来定义参数，可有多个 init-param。在 Servlet 类中通过 getInitParamenter(String name)方法访问初始化参数，这类似于 JSP 中的动作元素标签<jsp:param>。

<load-on-startup>元素指定当Web应用启动时装载Servlet的次序。当值为正数或零时,Servlet容器先加载数值小的Servlet,再依次加载其他数值大的Servlet。当值为负数或未定义时,Servlet容器将延迟装载时间,也就是在Web客户首次访问这个Servlet时才加载它。

<security-role-ref>元素声明在组件或部署组件的代码中安全角色的引用。

2. <servlet-mapping>元素及其子元素

该元素相对来说简单些,只有两个子元素,如下所示:

```
<servlet-mapping>
    <servlet-name>servlet名</servlet-name>
    <url-pattern>URL路径</url-pattern>
</servlet-mapping>
```

其中,<servlet-name>元素与前所述一致。<url-pattern>元素在前面也已经使用过,但该元素还有其他的作用,主要是通过通配符配置URI映射对多个匹配的URI进行响应,而JSP只能通过一个具体的URI调用。这个特性可以使用户程序在请求进入某个具体的页面前,截获并处理它,许多Web应用框架(如Struts、Spring)都利用了Servlet的这个特性,并在此基础上创建构架。

6.2 过滤器技术

6.2.1 基本概念

Servlet过滤器(Filter)在Java Servlet规范2.3中定义。

过滤器是小型的Web组件,若服务器(如Tomcat)中有过滤器部署,则对于从客户端发送过来的请求,服务器首先让过滤器执行,这可能是安全、权限检查,也可能是字符集进行统一过滤处理;然后,或者让客户请求的目的地页面或Servlet处理,或者直接进行页面转发(假如安全检查没有通过)。如果系统中设置了多个过滤器(一般情况下,一个过滤器完成一项特定任务),则一组过滤器会形成一个过滤链,客户请求会在过滤链中逐步过滤执行。

Java中的Filter并不是一个标准的Servlet,它不能处理用户请求,也不能对客户端生成响应。它主要用于对HttpServletRequest进行预处理,也可以对HttpServletResponse进行后处理,是典型的处理链。

Filter有如下用处:

(1) 在HttpServletRequest到达Servlet之前,拦截客户的HttpServletRequest。

(2) 根据需要检查HttpServletRequest,也可以修改HttpServletRequest头和数据。

(3) 在HttpServletResponse到达客户端之前,拦截HttpServletResponse。

(4) 根据需要检查 HttpServletResponse，可以修改 HttpServletResponse 头和数据。

Filter 有如下种类：

(1) 用户授权的 Filter。Filter 负责检查用户请求，根据请求过滤用户非法请求。

(2) 日志 Filter。详细记录某些特殊的用户请求。

(3) 负责解码的 Filter。包括对非标准编码的请求解码。

6.2.2 过滤器的主要方法、生命周期、配置与部署

1. 过滤器实现的方法

所有实现了 javax. servlet. Filter 接口的类被称为过滤器类。这个接口含有以下 3 个过滤器类必须实现的方法。

(1) init(FileterConfig fileterconfig)：由 Servlet 容器调用，是 Servlet 过滤器的初始化方法，Servlet 容器创建 Servlet 过滤器实例后将立即调用这个方法，而且该方法只被调用一次。在这个方法中可以读取 Web. xml 文件中 Servelt 过滤器的初始化参数。

(2) doFilter(ServletRequest request，ServletResponse response，FilterChain chain)：这个方法完成实际的过滤操作。当客户请求访问与过滤器相关联的 URL 时，Servlet 容器将先调用过滤器的 doFilter 方法。FilterChain 参数用于访问后续过滤器。而 FilterChain 类型中的 doFilter(Servletrequest request，Servletresponse response)方法真正决定了是否要继续访问后续的过滤器。

(3) destroy()：Servlet 容器在销毁过滤器实例前调用该方法，在这个方法中可以释放 Servlet 过滤器占用的资源。

2. 过滤器的生命周期

过滤器从启动到停止的生命周期如下：

(1) 启动服务器时加载过滤器的实例，并调用 init()方法来初始化实例。

(2) 每一次请求时都只调用 doFilter()方法进行处理。

(3) 停止服务器时调用 destroy()方法销毁实例。

3. 过滤器配置与部署

过滤器编写完成之后，需要在 Web 工程的 Web. xml 进行配置，主要涉及两个元素：<filter>和<filter-mapping>，两个元素的含义及其功能类似于 Servlet 的配置。

第一个元素格式如下：

```
<filter>
    <filter-name>过滤器名称</filter-name>
    <filter-class>过滤器对应的类</filter-class>
    <!--初始化参数-->
    <init-param>
```

```
        <param-name>参数名称 1</param-name>
        <param-value>参数值 1</param-value>
    </init-param>
    <init-param>
        <param-name>参数名称 2</param-name>
        <param-value>参数值 2</param-value>
    </init-param>
</filter>
```

第二个元素的作用是确定过滤器与特定的 URL 关联，只有指定 Servlet 过滤器和特定的 URL 关联，当客户请求访问此 URL 时才会触发过滤器工作。过滤器的关联方式有 3 种：①与一个 URL 关联；②与一个 URL 目录下的所有资源关联；③与一个 Servlet 关联。具体格式如下所示。

(1) 与一个 URL 关联

```
<filter-mapping>
    <filter-name>过滤器名称</filter-name>
    <url-pattern>xxx.jsp(或者 xxx.html)</url-pattern>
</filter-mapping>
```

(2) 与一个 URL 目录下的所有资源关联

```
<filter-mapping>
    <filter-name>过滤器名称</filter-name>
<url-pattern>/ * </url-pattern>
</filter-mapping>
```

(3) 与一个 Servlet 关联

```
<filter-mapping>
    <filter-name>过滤器名称</filter-name>
    <url-pattern>servlet 名称</url-pattern>
</filter-mapping>
```

在实际开发中，常用到的过滤器有：身份验证过滤器(Authentication Filters)，字符集转换过滤器(Encoding Filters)，加密过滤器(Encryption Filters)，图像转换过滤器(Image Conversion Filters)，等等。

6.2.3 过滤链

如前所述，参数 chain 是接口 FilterChain 的实例，由服务器生成，若项目中有多个过滤器，例如有两个过滤器，其中 EncodingFilter 负责设置编码，SecurityFilter 负责控制权限，服务器会按照 Web. xml 中过滤器定义的先后循序组装成一条链(称为过滤链)，然后按照次序执行其中的 doFilter()方法。假设在 Web. xml 中过滤器的定义顺序是：①EncodingFilter，

②SecurityFilter，则其执行的顺序如下：

(1) 执行第一个过滤器 doFilter 方法中的 chain. doFilter()之前的代码，如进行统一编码：request. setCharacterEncoding(newCharSet)。

(2) 执行第二个过滤器的 doFilter 方法中的 chain. doFilter()之前的代码。

(3) 执行请求的资源，如 Servlet、JSP 等。

(4) 执行第二个过滤器的 chain. doFilter()之后的代码。

(5) 执行第一个过滤器的 chain. doFilter()之后的代码，最后返回响应客户端。

过滤器的执行顺序可用图 6-2 表示。

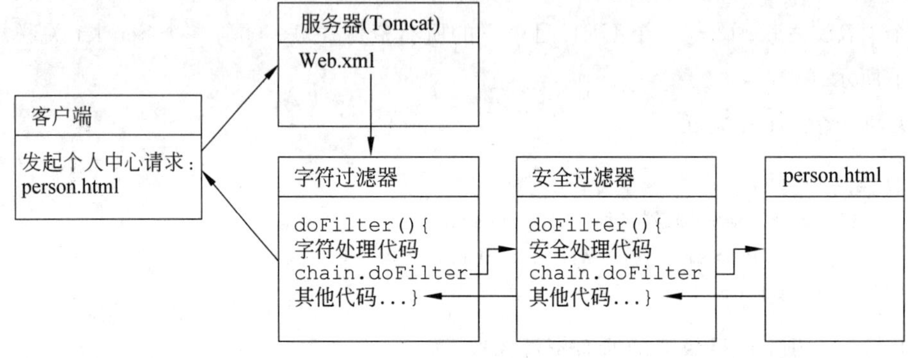

图 6-2　过滤器的执行顺序

6.2.4　字符集转换及安全过滤器的开发

字符集转换过滤器主要是用于用户处理各种编码转换的问题。从前端发送过来的中文字符，若按照本书前面介绍的处理办法，则每个 Action(Servlet)都有处理代码，显然冗余；若用过滤器技术，则集中处理，既高效又简洁。

例如，以下是用过滤器技术完成字符集转换的代码。

```
package Filter;
import java.io.IOException;
import javax.servlet.Filter;
import javax.servlet.FilterChain;
import javax.servlet.FilterConfig;
import javax.servlet.ServletException;
import javax.servlet.ServletRequest;
import javax.servlet.ServletResponse;
public class EncodingFilter implements Filter {
//定义替换后的字符集，从过滤器的配置参数中读取
private String newCharSet;
public void setNewCharSet(String newCharSet){
    this.newCharSet=newCharSet;
```

```
    }
public void destroy(){}
public void doFilter(ServletRequest request, ServletResponse response, FilterChain
chain)throws IOException,ServletException {
    //处理请求字符
    request.setCharacterEncoding(newCharSet);
    //传递给下一个过滤器，若没有则给相关 Servlet
    chain.doFilter(request,response);
    //处理响应字符集,若相关 Servlet 已有,则下行可不要
    response.setContentType("text/html;charset="+newCharSet);
    }
public void init(FilterConfig arg0)throws ServletException {
    //从过滤器的配置中获得初始化参数,如果没有就使用默认值
    if(arg0.getInitParameter("newcharset")!=null){
        setNewCharSet(arg0.getInitParameter("newcharset"));
        }
    else  setNewCharSet("utf-8");                    //此处可以使用任意想要转换的编码
    }
}
```

下面具体给出设计代码。

1）Web. xml 中的配置设计

在 Web. xml 中配置代码如下：

```
<filter>
    <filter-name>Encoder</filter-name>
    <filter-class>Filter.EncodingFilter</filter-class>
    <!--初始化参数-->
    <init-param>
        <param-name>newcharset</param-name>
        <param-value>utf-8</param-value>
    </init-param>
</filter>
<!--过滤器与 URL 关联-->
<filter-mapping>
    <filter-name>Encoder</filter-name>
    <url-pattern>/*</url-pattern>
</filter-mapping>
```

2）安全过滤器设计

为了防止用户绕过登录(直接输入具体页面的 URL)或者登录失效时对页面进行非法操作,必须对系统的所有请求进行安全过滤操作,前面所涉及的基本思路是每个页面各自进行安全检查,这样显然有代码冗余,现在采用集中过滤检查方法可以集中处理,减少代码冗余。

过滤器代码如下：

```
package Filter;
import java.io.IOException;
import javax.servlet.Filter;
import javax.servlet.FilterChain;
import javax.servlet.FilterConfig;
import javax.servlet.ServletException;
import javax.servlet.ServletRequest;
import javax.servlet.ServletResponse;
import javax.servlet.http.HttpServletRequest;
import javax.servlet.http.HttpServletResponse;
import javax.servlet.http.HttpSession;

public class SecurityCheck implements Filter {
    private String[] acceptStrs;
    public void setAcceptStrs(String[] acceptStrs){
        this.acceptStrs=acceptStrs;
        }
    public void doFilter(ServletRequest req, ServletResponse res,
    FilterChain filterChain)throws IOException, ServletException {
        HttpServletRequest request = (HttpServletRequest)req;
        HttpServletResponse response = (HttpServletResponse)res;
        HttpSession session=request.getSession();
        //request.getRequestURL()是返回绝对路径,而以下方法则返回相对路径(不包括 IP
          等信息)
        String uri=request.getRequestURI();
        String username=(String)session.getAttribute("name");
        //条件成立时,不需要过滤,进入下一个过滤或到 Servlet
        if(isAccept(uri)||username!=null)filterChain.doFilter(req,res);
        else  response.sendRedirect("/Login/bookmain.html");
        }
    //以下检验请求的 URL 是不是需要过滤
    private boolean isAccept(String url){
        boolean result=false;
        for(String str : acceptStrs){
            if(url.indexOf(str)!=-1){
                result=true;break;
            }
        }
        return result;
    }
public void init(FilterConfig filterConfig)throws ServletException {
```

```
        //TODO Auto-generated method stub
        String acceptStr=filterConfig.getInitParameter("accept");
        //String.split("分隔符")方法返回的是一个字符串数组。以下用逗号隔开,赋值给
          acceptStrs;
          setAcceptStrs(acceptStr.split(","));
        }
    public void destroy(){}
    }
```

代码说明：

HttpServletRequest 和 ServletRequest 都是接口，前者继承自后者，HttpServletRequest 比 ServletRequest 多了一些针对于 Http 的方法。例如，getHeader(String name)、getMethod()、getSession()、getRequestURI()等。如果业务需要用到 HttpServletRequest 的方法，则必须进行类型转换，代码如下：

```
HttpServletRequest request = (HttpServletRequest)req;
```

其中，req 是 ServletRequest 类型对象，这类似于以下情形：

```
session.setAttribute("name", "张三");
String name=(String)session.getAttibute("name");
```

过滤器配置代码如下：

```
<filter>
    <filter-name>SecurityCheck</filter-name>
    <filter-class>Filter.SecurityCheckFilter</filter-class>
    <init-param><!--初始化不需要被过滤的 URL 的后缀-->
        <param-name>accept</param-name><param-value>/bookmain,/register,book.
        html,/InitBookByType,/LoginAjax,/UserCheck,/Register,/resources</param-
        value>
    </init-param>
</filter>
<filter-mapping>
    <filter-name>SecurityCheck</filter-name>
    <url-pattern>/*</url-pattern>
</filter-mapping>
```

需要注意的是，因为过滤器过滤了全局 URL，所以对静态资源文件(如 JS 文件、CSS 文件等)都会进行过滤。如果没有配置初始化参数 accept，那么就会导致静态资源文件无法被加载而使页面发生错误。同样，Filter 也可以拦截页面上传来的异步加载请求(Ajax)，具体代码读者可自行实现。

6.3 监听器技术

6.3.1 基础知识

监听器(Listener)用于监听 Java Web 程序中的各类事件,是 Servlet 规范中的特殊类,也需要在 Web. xml 文件中注册配置才可以使用(除了两个例外)。Listener 监听着 ServletContext、HttpSession 和 ServletRequest 等对象的创建与销毁事件,以及这些域对象中属性发生修改的事件。当这些事件发生的时候,对应的监听器会立刻做出反应。目前一共有 8 个 Listener 接口,6 个 Event 类别,其中 HttpSessionAttributeListener 与 HttpSessionBindingListener 皆使用 HttpSessionBindingEvent;HttpSessionListener 和 HttpSessionActivationListener 则都使用 HttpSessionEvent;其余的 Listener 对应的 Event 如表 6-2 所示。

表 6-2 Listener 对应的 Event

监听器对象	监听器接口	监听器事件
ServletContext	ServletContextListener	ServletContextEvent
	ServletContextAttributeListener	ServletContextAttributeEvent
HttpSession	HttpSessionListener HttpSessionActivationListener	HttpSessionEvent
	HttpSessionAttributeListener HttpSessionBindingListener	HttpSessionBindingEvent
ServletRequest	ServletRequestListener	ServletRequestEvent
	ServletRequestAttributeListener	ServletRequestAttributeEvent

1. 监听对象的创建和销毁事件的监听器

当有被监听对象被 Servlet 容器创建或者在生命周期结束被销毁的时候,分别由下列 3 种监听器负责监听。

(1) ServletContextListener:ServletContext 对象在 Web 服务器被启动的时候被创建,当 ServletContext 对象被创建时,激发 contextInitialized()方法;Servlet Context 对象在 Web 服务关闭时被销毁,当 ServletContext 对象被销毁时激发 contextDestroyed()方法。

(2) HttpSessionListener:session 在浏览器和服务器的会话开始时被创建,当 session 被创建时,激发 sessionCreated()方法;session 失效时或调用 session. invalidate()时被销毁,当 session 被销毁时,激发 sessionDestroyed()方法。

(3) ServletRequestListener:request 对象在每次请求开始时创建,当 request 对象被创

建时，激发 requestInitialized()方法；request 对象在每次访问结束后被销毁，当 request 对象被销毁时，会激发 requestDestroyed()方法。

2. 监听对象的属性修改事件的监听器

当被监听对象的属性有添加、修改或删除操作时，分别由下列 3 种监听器负责监听。

(1) ServletContextAttributeListener：当 servletContext 对象的属性有上述操作时，会分别激发 attributeAdded、attributeReplaced、attributeRemoved 3 种方法。

(2) HttpsessionAttributeListener：当 session 对象的属性有上述操作时，会分别激发和上述方法名一样的方法。

(3) ServletRequestAttributeListener：当 request 对象的属性有上述操作时，同样激发和上述方法名一样的方法。

虽然在对象属性被操作时，3 种监听器对应的实现类的方法名是一模一样的，但是其中监听的事件名是完全不一样的。

3. 监听对象本身状态的监听器

还有两种特殊的监听器：HttpSessionBindinding Listener 和 HttpSessionActivationListener，它们直接被普通 Java 类实现(一般是标准的 Java Bean 类)，所以这两种监听器是用来监听对象本身的，并且这两种监听器不需要在 Web. xml 文件中配置就可以使用。

(1) HttpSessionBindingListener：用 HttpSession. setAttribute 实现该监听器，设置 session 时，会激活 valueBound( )方法；当实现该监听器的类的对象用 Httpsession. removeAttribute 从 session 中解除时，会激活 valueUnBound()方法。

(2) HttpSessionActivationListener：当服务器关闭时，只要会话还没有结束，session 会被存储到硬盘或者其他设备上。此时 session 中的类对象如果实现了该接口，那么会激活 sessionDidActivate()方法；同理，当对象被从磁盘中读取时，会激活 sessionWillPassivate()方法。

在早期的开发中，这两种监听器所起到的作用并不大，开发者不必过多在意对象在 session 中的状态或者什么时候被加载与储存。但是，在现在各种软件的开发都面临高并发量的情况下，常见的做法就是进行负载均衡或者是利用分布式架构来开发。这时候，session 会在许多 Web 容器或者多台服务器之间进行转发，那么 session 中的对象的状态就值得去了解和跟踪了。

6.3.2 案例：统计在线总人数

利用 HttpSessionListener 类中的 sessionCreated()方法和 sessionDestroyed()方法可以监听 session 的创建与销毁。当用户开始浏览网站时，服务端会自动创建一个 session，此时可以在 sessionCreated()方法中将在线人数增加 1 人；当 session 失效时，激活 sessionDestroyed()方法，则在线人数减少1人。

示例代码如下：

```
package com.listener;
import javax.servlet.ServletContext;
import javax.servlet.ServletContextEvent;
import javax.servlet.ServletContextListener;
import javax.servlet.http.HttpSessionEvent;
import javax.servlet.http.HttpSessionListener;
public class UserNumberListener implements HttpSessionListener,
ServletContextListener{
public void sessionCreated(HttpSessionEvent se){
    ServletContext context=se.getSession().getServletContext();
    int userNumber=(int)context.getAttribute("userNumber");
    userNumber++;
    context.setAttribute("userNumber", userNumber);
}
public void sessionDestroyed(HttpSessionEvent se){
    ServletContext context=se.getSession().getServletContext();
    int userNumber=(int)context.getAttribute("userNumber");
    if(userNumber!=0)
    userNumber--;
    else
        userNumber=0;
    context.setAttribute("userNumber", userNumber);
    }
public void contextDestroyed(ServletContextEvent ce){ }
public void contextInitialized(ServletContextEvent ce){
    ServletContext context=ce.getServletContext();
    //在创建 Web 应用时将当前在线人数设置为 0,进行初始化
    context.setAttribute("userNumber", 0);
    }
}
```

这里省略了相关JSP/HTML代码，在JSP页面中可以用Java代码取出该值，或用JS技术也可以取出该值。

前面已经提到过，session会在自动失效或者显式调用invalidate()方法时被销毁，假设在用户注销登录时调用Httpsession的invalidate()方法，则LogoutServlet.java的代码如下：

```
packagecom.servlet;
importjava.io.IOException;
importjavax.servlet.ServletException;
importjavax.servlet.annotation.WebServlet;
```

```
importjavax.servlet.http.HttpServlet;
importjavax.servlet.http.HttpServletRequest;
importjavax.servlet.http.HttpServletResponse;
importjavax.servlet.http.HttpSession;
public classLogoutServlet extends HttpServlet {
protected voiddoGet(HttpServletRequest request, HttpServletResponse response)
throws ServletException, IOException {
    HttpSession session=request.getSession();
    session.invalidate();
    }
```

此处省略 dopost 函数以及其他函数。

当浏览器关闭的时候，session 并不会立刻消除，还必须在 Web. xml 中如下设置 session 全局的失效时间：

```
<session-config>
    <session-timeout>10</session-timeout>          //代表 session 在 10 分钟后失效
</session-config>
```

监听器的 xml 配置代码如下：

```
<listener>
    <listener-class>com.listener.UserNumberListener</listener-class>
</listener>
```

在实际应用中，还有许多实用的监听器，这里就不一一列举了。监听器作为一个项目观察者的身份，为开发者清楚地展示了 Web 项目中各个对象的各种状态，以更加直观的方式让开发者观察各个对象的生命周期。

 6.4 本章小结

本章介绍了 Servlet 技术体系，重点介绍过滤器及监听器技术，同时提供了几个比较完整的应用案例，这些技术在实际项目开发过程中有实际意义。众所周知，Servlet 类现在不用于业务逻辑的处理，而是在 MVC 开发模式中充当控制层，它的作用是捕获各种请求以及控制请求的转发。进一步，对于主流的基于 Java Web 的开发架构（如 SpringMVC 等），其底层实现无不依赖于 Servlet 技术，所以了解并掌握 Servlet 技术体系，对掌握主流开发框架有积极的意义。

第 7 章 JDBC 技术

本章主要介绍 JDBC 技术的基本原理，重点介绍 JDBC 技术体系中的常用接口和类，并且通过实例来说明用 JDBC 操作数据库的过程。本章的基础前提是读者已经学过数据库方面的基础知识，并且熟悉常用的 SQL 语句。

7.1 JDBC 原理概述

7.1.1 JDBC 基本概念

JDBC 全称为 Java DataBase Connectivity，即 Java 数据库连接。它由一组用 Java 语言编写的类和接口组成，是 Java 开发人员和数据库厂商达成的协议，也就是由 Sun 公司定义的一组接口，由数据库厂商来实现，并且规定了 Java 开发人员访问数据库所使用的方法的规范。通过它可以访问各类关系数据库。JDBC 也是 Java 核心类库的组成部分。

JDBC 的最大特点是它独立于具体的关系数据库。与 ODBC（Open Database Connectivity，开放数据库连接）类似，JDBC API 中定义了一些 Java 类和接口，分别用来实现与数据库的连接（connections）、发送 SQL 语句（SQL statements）、获取结果集（result sets）以及其他的数据库对象，使得 Java 程序能够方便地与数据库交互并且处理所得到的结果。JDBC 的 API 在 java. sql、javax. sql 等包中。

Java 程序应用 JDBC 一般有以下步骤：

(1) 注册加载一个数据库驱动程序。

(2) 创建数据库连接(Connection)。

(3) 创建一个语句(Statement)(发送 SQL 语句)。

(4) 数据库执行 SQL 语句。

(5) 用户程序处理执行 SQL 语句的结果(包括结果集 ResultSet)。

(6) 关闭连接等资源。

由于数据库不同,驱动程序的形式和内容也不相同,主要体现在获得连接的方式和相关参数的不同。为了说明问题,本章采用的数据库为 MySQL,测试数据库名为 test,库中只有一张表 tb_user,如图 7-1 所示。

名	类型	长度	小数点	允许空	
userName	char	255	0	□	🔑1
password	char	255	0	□	
tell	char	255	0	□	

图 7-1 tb_user

在图 7-1 中,userName 为主键。

7.1.2 JDBC 驱动程序及安装

JDBC 驱动程序是用于特定数据库的一套实现了 JDBC 接口的类集。要通过 JDBC 来存取某一特定的数据库,必须有相应的该数据库的 JDBC 驱动程序,它往往由生产数据库的厂家提供,是连接 JDBC API 与具体数据库之间的桥梁。目前,主流的数据库系统,如 Oracle、SQLServer、Sybase、Informix 等,都为客户提供了相应的驱动程序。

由于历史和厂商的原因,从驱动程序工作原理分析,通常有 4 种类型的驱动程序:①JDBC-ODBC 桥驱动程序;②部分 Java 驱动程序;③部分本机驱动程序;④中间数据访问服务器和纯 Java 驱动程序,分别说明如下。

(1) 第一种类型为 JDBC-ODBC 桥驱动程序,英文全称是"JDBC-ODBC bridge driver"。由于历史原因,ODBC 技术比 JDBC 更早出现或更成熟,所以通过该种方式访问一个 ODBC 数据库是一个不错的选择。这种方法主要原理是:提供了一种把 JDBC 调用映射为 ODBC 调用的方法。因此,需要在客户机安装一个 ODBC 驱动程序。这种方式由于需要中间的转换过程导致执行效率低,目前比较少使用。实际上 Microsoft 公司的数据库系统(如 SQLServer 和 Access)仍然保留了这种技术的支持。

(2) 第二种类型驱动程序的英文全称是"native-API, partly Java driver"。这一类型的驱动程序是直接将 JDBC 调用转换为特定的数据库调用,而不经过 ODBC,执行效率比第一种类型高。但是,这种方法也存在转换的问题,而且这类驱动程序与第一种驱动程序类型一样,也要求客户端的机器安装相应的二进制代码(驱动程序和厂商专有的 API)。所以,这类驱动程序应用存在限制,例如不太适合用于 Applet 等。

(3) 第三种类型驱动程序的英文全称是"JDBC-Net pure Java driver"。它的原理是将 JDBC 的调用转换为独立于数据库的网络协议,并完全通过 Java 驱动。这种类型的驱动程序不需要客户端的安装和管理,所以特别适合于具有中间件(middle tier)的分布式应用,但目前这类驱动程序的产品并不多。

(4) 第四种类型驱动程序的英文又称为"native protocol, pure Java driver"。它能将

JDBC 调用转换为特定数据库直接使用的网络协议，不需要安装客户端软件，是百分之百的 Java 程序。这种方式的本质是使用 Java Sockets 来连接数据库，所以它特别适合于通过网络使用后台数据库的 Applet 及 Web 应用，后面介绍的 JDBC 应用主要使用这种类型的驱动程序。目前，大部分数据库厂商提供了对这类驱动程序的支持。

用户开发 JDBC 应用系统，首先需要安装数据库的驱动程序。以 MySQL 为例，第一步是下载它的 JDBC 驱动 jar 包(如 mysql-connector-java-5.1.34-bin.jar)，可以从官方网站下载。第二步，对于普通的 Java Application 应用程序，只需要将 JDBC 驱动包复制到 CLASSPATH 所指向的目录下即可，这和普通的 Java 类没什么区别。而对于 Web 应用，通常将 JDBC 驱动包放置在 WEB-INF/lib 目录下即可。对于其他数据库，可以采用类似方法。

7.1.3 一个简单的 JDBC 例子

以下是一个简单的 JDBC 应用例子代码：

```
FirstJDBC.java
import java.sql.*;
public class FirstJDBC {
public static void main(String arg[]){
    String driver="com.mysql.jdbc.Driver";                //驱动程序名称
    String user="root";
    String pass="123456";
    //指定连接的数据库 url
    String url =" jdbc: mysql://127. 0. 0. 1: 3306/test? useUnicode = true&
    characterEncoding=utf-8";                  //采用 UTF-8 编码是为了解决中文字符问题
    Connection con=null;
    Statement stmt=null;
    ResultSet rs=null;
    try {
            //加载驱动程序,此处为第四种类型驱动程序
            Class.forName(driver);
            //通过驱动程序管理器建立与数据库的连接
            con=DriverManager.getConnection(url,user, pass);
            //创建执行查询的 Statement 对象
            stmt=con.createStatement();
            //SQL 语句,用于查询用户表中的信息
            String sql="select * from  tb_user";
            //以上变量定义在 try 块外
            //执行查询,查询结果放在 ResultSet 的对象中
            rs=stmt.executeQuery(sql);
            String name,password,tell;
            //打印查询结果
            while(rs.next()){
```

```
                //获得每一行中每一列的数据
                name=rs.getString(1);
                password=rs.getString(2);
                tell=rs.getString("tell");
                System.out.println(name+", "+password+", " +tell);
                }
            }
        //找不到驱动程序,捕捉异常。如发生该错误,请检查 JDK 版本是否在 1.1 以上
        catch(ClassNotFoundException e){System.out.println("错误:"+e);}
        catch(SQLException e1){System.out.println("错误:"+e1);}
        finally{
            try{rs.close();stmt.close();con.close();}
            catch(SQLException e){}
        }
    }
}
```

上面代码清晰地表达了应用 JDBC 技术的基本步骤。需要说明的是:

(1) 所有与 JDBC 相关的操作代码必须用 try{}处理。一方面,JDBC 中绝大多数方法都被定义为抛出 SQLExecption 异常,该类异常属于必须捕捉的异常;否则,编译不能通过。另一方面,如果在一处发生异常,应用程序就没有必要继续进行下去,例如连接数据库失败就没必要产生 Statement 的实例了。

(2) JDBC 应用中,一次数据库会话结束,必须关闭数据库连接资源,该资源是宝贵的,会话期间由用户程序独占,结束后必须释放。

(3) 结果集(ResultSet)对象是一种数据容器,存放着满足 SQL 查询条件的数据库记录。通过 next()方法,可以遍历所有记录,通过 getXxx()方法可以得到指定行中的列值。关于结果集的全面介绍将在下面章节中进行。

7.2 JDBC 常用的接口和类介绍

在 JDBC 中,定义了许多接口和类,但经常使用的不是很多。以下介绍的是最常用的接口和类,使初学者能够尽快地掌握 JDBC 技术。

7.2.1 Driver 接口

Driver 接口在 java. sql 包中定义,每种数据库的驱动程序都提供一个实现该接口的类,简称 Driver 类,应用程序必须首先加载 Driver 类。加载的目的就是创建自己的实例并向 java. sql. DriverManager 类注册该实例,以便驱动程序管理类(DriverManager)对数据库驱

动程序的管理。

通常情况下，通过 java.lang.Class 类的静态方法 forName(String className)，加载想要连接的数据库驱动程序类，该方法的入口参数为想要加载的数据库驱动程序完整类名。对于每种驱动程序，其完整类名的定义也不一样，以下进行简单说明。

如果使用第四种类型驱动程序，即中间数据访问服务器和纯 Java 驱动程序，其加载方法如下：

```
Class.forName("com.mysql.jdbc.Driver ")
```

这是 MySQL 的驱动程序的加载方法，而且如果版本不一样，驱动程序的名称也会不同。同样，其他数据库(如 Oracle)的驱动程序的加载方法也基本相同，这里不再赘述。

如果加载成功，系统会将驱动程序注册到 DriverManager 类中；如果加载失败，将抛出 ClassNotFoundException 异常。以下是加载驱动程序的代码。

```
try {
    Class.forName(driverName);                              //加载 JDBC 驱动器
} catch(ClassNotFoundException ex){
    ex.printStackTrace();
}
```

需要注意的是，加载驱动程序的行为属于单例模式。也就是说，在整个数据库应用中，只加载一次就可以了。

7.2.2 DriverManager 类

数据库驱动程序加载成功后，接下来就由 DriverManager 类来处理了，所以 Driver Manager 类是 JDBC 的管理层，作用于用户和驱动程序之间。它跟踪可用的驱动程序，并且在数据库和相应驱动程序之间建立连接。另外，DriverManager 类也处理诸如驱动程序登录时间、登录管理和消息跟踪等事务。

DriverManager 类的主要作用是管理用户程序与特定数据库(驱动程序)的连接。一般情况下，DriverManager 类可以管理多个数据库驱动程序。当然，对于中小规模应用项目，可能只用到一种数据库。JDBC 允许用户通过调用 DriverManager()的 getDriver()、getDrivers()和 registerDriver()等方法，实现对驱动程序的管理，通过这些方法进一步实现对数据库连接的管理。但是，在多数情况下，不建议采用上述方法，如果没有特殊要求，对于一般应用项目，建议让 DriverManager 类自动管理。

DriverManager 类是用静态方法 getConnection 来获得用户与特定数据库连接。在建立连接过程中，DriverManager 将检查注册表中的每个驱动程序，查看它是否可以建立连接，有时可能有多个 JDBC 驱动程序可以和给定数据库建立连接。例如，与给定的远程数据库连接时，可以使用 JDBC-ODBC 桥驱动程序、JDBC 到通用网络协议驱动程序或数据库厂商提供的驱动程序。在这种情况下，加载驱动程序的顺序至关重要，因为 DriverManager 将使用它找到的第一个可以成功连接到给定的数据库驱动程序进行连接。

用 DriverManager 建立连接，主要由以下方法：

（1）static Connection getConnection(String url)

url 实际上标识给定数据库（驱动程序），它由 3 部分组成，用冒号":"分隔。格式为"jdbc:子协议名:子名称"。其中，jdbc 是唯一的，JDBC 只有这种协议；子协议名主要用于识别数据库驱动程序，不同的数据库有不同的子协议名，如 MySQL 的子协议名为 mysql，子名称是属于专门驱动程序的，对于 MySQL 指的是数据库的名、服务端口号等信息。例如，//127.0.0.1:3306/ test? useUnicode=true& characterEncoding= utf-8"，其中 test 为数据库名，采用 UTF-8 编码是为了解决中文字符问题。

（2）static Connection getConnection(String url, String userName, String password)

与第一种方法相比，此方法多了数据库服务的登录名和密码。

7.2.3 Connection 接口

Connection 对象代表数据库连接，只有建立了连接，用户程序才能操作数据库。连接是 JDBC 中最重要的接口之一，使用频度高，读者必须掌握。

Connection 接口的实例是由驱动程序管理类的静态方法 getConnection()产生，数据库连接实例是宝贵的资源，它与电话连接类似，在一个会话期内是由用户程序独占的，且需要耗费内存，每个数据库的最大连接数是有限制的。所以，用户程序访问数据库结束后，必须及时关闭连接，以方便其他用户使用该资源。Connection 接口的主要功能是对会话的管理以及获得发送 SQL 语句的运载类实例(以下将介绍)。下面简要列出该接口的主要方法。

（1）close()方法：关闭数据库的连接。在使用完数据库的连接后必须关闭连接，否则该连接会保持一段比较长的时间，直到超时。

（2）commit()方法：提交对数据库的更改，使更改生效。这个方法只有调用了 setAutoCommit(false)方法后才有效，否则对数据库的更改会自动提交到数据库。

（3）createStatement()方法：创建一个 Statement，Statement 用于执行 SQL 语句。

（4）createStatement(int resultSetType, int resultSetConcurrency)方法：创建一个 Statement，并且产生指定类型的结果集，相关参数后面还会详细介绍。

（5）getAutoCommit()方法：为连接对象获取当前的 auto-commit 模式。

（6）getMetaData()方法：获得一个 DatabaseMetaData 对象，其中包含关于数据库的元数据。

（7）isClosed()方法：判断连接是否关闭。

（8）prepareStatement(String sql)方法：使用指定的 SQL 语句创建一个预处理语句，SQL 参数中往往包含一个或者多个占位符"?"。

(9) rollback()方法：回滚当前执行的操作，只有调用了 setAutoCommit(false)才可以使用。

(10) setAutoCommit(boolean autoCommit)方法：设置操作是否自动提交到数据库，默认情况下是 true。

由于数据库不同，驱动程序的形式和内容也不同，主要体现在获得连接的方式和相关参数的不同。因此，在 JDBC 项目实践中，根据面向对象的设计思想(封装变化)，一般把连接管理设计成一个类——连接管理器类，主要负责连接的获得和关闭。

以下是连接管理器 DBConnection. class 的代码：

```
package DAO;
import java.sql.*;
final public class DBConnection {
final private static String url="jdbc:mysql://127.0.0.1:3306/test?useUnicode=
true& characterEncoding=utf-8";
final private static String user="root";
final private static String pass="123456";
final private  static String driverName ="com.mysql.jdbc.Driver";
private static Connection connection;
static {
    try {
        Class.forName(driverName);                              //加载 JDBC 驱动器
        System.out.printf("JDBC1");
        } catch(Exception ex){
            ex.printStackTrace();
            }
    }
public static Connection getConnection(){
    try {
        Connection conn=DriverManager.getConnection(url,user, pass);
        System.out.println("连接数据库成功");
        return conn;
    } catch(SQLException ex){
        System.out.println("连接数据库失败");
        ex.printStackTrace();
        return null;
        }
    }
public static void close(Connection conn, Statement stm ,ResultSet rs)
{
    try{
        if(rs !=null)
            rs.close();
        if(stm!=null)
```

```
            stm.close();
        if(conn !=null){
            conn.close();
            System.out.println("数据库连接成功释放");
            }
        } catch(SQLException ex){}
    }
}
```

以下是测试代码：

```
public class TestJDBC{
    public static void main(String[] args){
        DBConnection.getConn();
        DBConnection.close();
        }
    }
```

控制台打印出“连接数据库成功”和“数据库连接成功释放”的语句，说明 JDBC 连接数据库已经成功。从上面的代码可以看出，主要有两个操作，首先使用 Class. forName 方法加载驱动器，接着使用 DriverManager. getConnection 方法得到数据库连接。由于加载驱动器在整个应用系统中只有一次，所以采用 static 程序块技术来实现。

7.2.4 Statement、PreparedStatement 和 CallableStatement 接口

Statement、PreparedStatement 和 CallableStatement3 个接口都是用来执行 SQL 语句的，都由 Connction 中的相关方法产生，但它们有所不同。Statement 接口用于执行静态 SQL 语句，并返回它所生成的结果集对象；PreparedStatement 表示带 IN 或不带 IN 的预编译 SQL 语句对象，SQL 语句被预编译并存储在 PreparedStatement 对象中；Callable Statement 用于执行 SQL 存储过程的接口。下面分别介绍这 3 个接口的使用。

1. Statement 接口

因为 Statement 是一个接口，它没有构造函数，所以不能直接创建一个实例。创建一个 Statement 对象必须通过 Connection 接口提供的 createStatement()方法进行创建，其代码片段如下：

```
Statement statement=connection.createStatement();
```

创建完 Statement 对象后，用户程序就可以根据需要调用它的常用方法，例如 executeQuery()、executeUpdate()、execute()、executeBatch()等方法。

1）executeQuery()方法

executeQuery()方法用于执行产生单个结果集的 SQL 语句，如 Select 语句，该方法返

回一个结果集 ResultSet 对象。完整的方法声明如下：

```
ResultSet executeQuery(String sql)throws SQLException
```

下面给出一个实例，使用 executeQuery()方法执行查询 person 表的 SQL 语句，并返回结果集。

```
JDBCTest.java
import DAO.*;
import sql.*;
public class JDBCTest{
    public static void main(String[] args){
        Connection connection=DBConnection.getConn();
        Statement statement=null;
        ResultSet resultSet=null;
        try {
            statement=connection.createStatement();
            String sql="select * from tb_user";
            resultSet=statement.executeQuery(sql);
            while(resultSet.next()){
                System.out.println("name:"+resultSet.getString(1));
                System.out.println("pass:"+resultSet.getString(2));
                System.out.println("tell:"+resultSet.getString(3));
                 }
            } catch(SQLException e){
                e.printStackTrace();
        }finally{
            DBConnection.close(connection, statement, resultSet);
            }
        }
    }
```

以上代码中，用到了连接管理器类 DBConnection。

2) executeUpdate()方法

executeUpdate()方法执行给定的 SQL 语句，该语句可能为 INSERT、UPDATE 或 DELETE 语句，或者是不返回任何内容的 SQL 语句(如 SQL DDL 语句)。executeUpdate()方法的完整声明如下：

```
int executeUpdate(String sql)throws SQLException;
```

对于 SQL 数据操作语言(DML)语句，则返回行计数；而对于什么都不返回的 SQL 语句，则返回正数 0。

下面给出一个实例，使用 executeUpdate()方法执行插入 SQL 语句。

```
public static void main(String[] args){
```

```
    Connection connection=DBConnection.getConn();
    Statement statement=null;
    ResultSet  resultSet=null;
    int rowCount ;
    try {
        statement  =  connection.createStatement();
String sql="insert into tb_user(userName,password,tell)values('tom', '15','123')";
        rowCount=statement.executeUpdate(sql);
        System.out.println("插入所影响的行数为"+rowCount+"行");
      } catch(SQLException e){
          e.printStackTrace();
    }finally{
        DBConnection.close(connection, statement, resultSet);
        }
    }
}
```

3）execute()方法

执行给定的 SQL 语句，该语句可能返回多个结果。在某些（不常见）情形下，单个 SQL 语句可能返回多个结果集或更新记录数，这一点通常可以忽略，除非正在执行已知可能返回多个结果的存储过程或者动态执行未知的 SQL 字符串。一般情况下，execute()方法执行 SQL 语句并且返回第一个结果。然后，用户程序必须使用方法 getResultSet() 或 getUpdateCount()来获取结果，使用 getMoreResults()来移动后续结果。execute()方法的完整声明如下：

```
boolean execute(String sql)throws SQLException;
```

execute()方法是一个通用方法，既可以执行查询语句，也可以执行修改语句，该方法可以用来处理动态的、未知的 SQL 语句。

下面的实例使用 execute()方法执行一个用户输入的 SQL 语句，并返回结果。

```
public static void main(String[] args){
    Connection connection=DBConnection.getConn();
    Statement statement=null;
    ResultSet resultSet=null;
    int rowCount;
    boolean isResultSet;
    try {
        statement=connection.createStatement();
        String sql=JOptionPane.showInputDialog("请输入一个 SQL 语句:");
        isResultSet=statement.execute(sql);
        if(isResultSet){
            resultSet=statement.getResultSet();
            while(resultSet.next()){
```

```
                System.out.println("username:"+resultSet.getString(1));
                System.out.println("pass:"+resultSet.getString(2));
                System.out.println("tell:"+resultSet.getString(3));
            }
        }else{
            rowCount=statement.getUpdateCount();
            System.out.println("所更新的行数为"+rowCount+"行");
        }
    } catch(SQLException e){
        e.printStackTrace();
    }finally{
        DBConnection.close(connection, statement, resultSet);
    }
}
```

对于以上代码,读者可以自行编写一个测试类。

4) executeBatch()方法

将一批命令提交给数据库来执行,如果全部命令执行成功,则返回一个和添加命令时顺序一样的整型数组,数组元素的排序对应于该批中的命令,批中的命令根据被添加到批中的顺序排序,数组中的元素的值可能是以下值之一:

(1) 大于或等于 0 的数,指示成功处理了命令,其值为执行命令所影响数据库中行数的更新计数。

(2) SUCCESS_NO_INFO,指示成功执行了命令,但受影响的行数是未知的。如果批量更新中的命令之一无法正确执行,则抛出 BatchUpdateException,并且 JDBC 驱动程序可能继续处理批处理中的剩余命令,也可能不执行。无论怎样,驱动程序的行为必须与特定的 DBMS 一致,要么始终继续处理命令,要么永远不继续处理命令。

(3) EXECUTE_FAILED,指示未能成功执行命令,仅当命令失败后驱动程序继续处理命令时出现。

executeBatch()方法完整的声明如下:

```
int[] executeBatch()throws SQLException
```

对于批处理操作,还有两个辅助方法:

(1) addBatch,向批处理中加入一个更新语句。

(2) clearBatch,清空批处理中的更新语句。

下面的实例使用 executeBatch()方法执行多个 INSERT 语句向 tb_user 数据表插入多条记录,并且显示返回的更新计数数组。

```
public static void main(String[] args){
    Connection connection=DBConnection.getConn();
    Statement statement=null;
    ResultSet  resultSet=null;
```

```
    int[] rowCount ;
    try {
        connection.setAutoCommit(false);
        statement=connection.createStatement();
        String sql1="insert intotb_user(userName,password,tell)values('kobe1',
        '32','123')";
        String sql2="insert intotb_user(userName,password,tell)values('kobe2',
        '32','322')";
        String sql3="insert intotb_user(userName,password,tell)values('kobe1',
        '32','333')";
        statement.addBatch(sql1);
        statement.addBatch(sql2);
        statement.addBatch(sql3);
        rowCount=statement.executeBatch();
        connection.commit();
        for(int i=0;i<rowCount.length;i++){
            System.out.println("第"+(i+1)+"条语句执行影响的行数为"+rowCount[i]+"行");
            }
    } catch(SQLException e){
        try{connection.rollback();}catch(SQLException e1){}
        e.printStackTrace();
    }finally{
        DBConnection.close(connection, statement, resultSet);
        try{connection.setAutoCommit(true);}catch(SQLException e1){}
    }
}
```

从运行结果看,数据库表中一条记录都没增加,这是因为执行 sql3 时发生异常,导致了回滚操作(rollback())。

2. PreparedStatement 接口

PreparedStatement 接口是 Statement 的子接口,PreparedStatement 的实例已经包含编译的 SQL 语句,所以它的执行速度快于 Statement。PreparedStatement 的对象创建同样需要 Connection 接口提供的 prepareStatement 方法,同时需要 SQL 语句作为参数,其核心代码如下:

```
Connection connection=DBConnection.getConn();
String sql="delete from tb_user where userName=?";
PreparedStatement pstm=connection.prepareStatement(sql);
```

上面的 SQL 语句中有问号"?",指的是 SQL 语句中的占位符,表示 SQL 语句中的可替换参数,也称为 IN 参数,在执行前必须赋值。因此,PreparedStatement 还添加了一些设置 IN 参数的方法;同时,execute()、executeQuery()和 executeUpdate()方法也改变了,无须再传入 SQL 语句,因为前面已经指定了 SQL 语句。

下面给出的是 PreparedStatement 执行 SQL 的一个实例:

```
public static void main(String[ ] args){
    Connection connection=DBConnection.getConn();
    PreparedStatement preparedStatement=null;
    ResultSet  resultSet=null;
    int isResultSet;
    try {
        String sql="delete from tb_user where userName=?";
        preparedStatement=connection.prepareStatement(sql);
        preparedStatement.setString(1, "alex");
        isResultSet=preparedStatement.executeUpdate();
        } catch(SQLException e){
        e.printStackTrace();
    }finally{
        DBConnection.close(connection, preparedStatement, resultSet);
    }
}
```

从上述例子分析可以看出,用 PreparedStatement 来代替 Statement 会使代码多出几行,最主要的代码是设置占位符“?”位值的代码,可以用 preparedStatement. setXxx(index, value)方法实现。其中,index 表示“?”位的序号(如 1 表示第 1 个“?”位);value 表示值,setXxx 中的 Xxx 表示“?”位的数据类型。例如,preparedStatement. setString(1, "alex"),表示设置第 1 个“?”位的值,数据类型是字符串(String)。为了说明问题,下面再举一个例子 进行比较。

```
stmt.executeUpdate("insert into tb_user(col1,col2,col3)values
('"+var1+"','"+var2+"',"+var3+",'");                    //采用 Statemen
//以下采用 prepareStatement
perstmt= con. prepareStatement ( " insert  into  tb _ user (col1, col2, col3) values
(?,?,?)");
perstmt.setString(1,var1);
perstmt.setString(2,var2);
perstmt.setString(3,var3);
perstmt.executeUpdate();
```

上述代码中,第 1、2 行表示用 Statement 来实现插入操作,其余行表示用 PreparedStatement 完成同样的工作。PreparedStatement 的 setXxx(序号,值)用来设置相关的“?”位值,假设 3 个字段的数据类型都是 String,若有其他类型(如 int)则设值方法改为对应的 setInt。用 PreparedStatemen 接口,不但代码的可读性好,而且执行效率大大提高。

每一种数据库都会尽最大努力对预编译语句提供最大的性能优化,因为预编译语句有可能被重复调用,所以 SQL 语句在被数据库系统的编译器编译后,其执行代码被缓存下来,下次调用时,相同的预编译语句(如插入记录操作)就不需要编译了,只要将参数直接传入已编译的语句就会得到执行,这个过程类似于函数调用。而对于 Statement,即使是相同操作,由于每次操作的数据不同(如插入不同的记录),所以数据库必须重新编译才能执行。需要说明的是,并不是所有预编译语句在任何时候都一定会被缓存,数据库本身会用一种策略

（如使用频度等因素）来决定什么时候不再缓存已有的预编译结果，以保存有更多的空间存储新的预编译语句。

其实，用 PreparedStatemen 接口，不但效率高，而且安全性好，可以防止恶意的 SQL 注入。如下面代码所示：

```
String sql="select * from tb_user where userName='"+varname+"' and
password='"+varpasswd+"'";
```

以上代码是常用的登录处理 SQL 语句，用户从登录页面输入用户名和密码，应用程序用 varname 和 varpasswd 来接收用户名和密码，并且查询数据库。若结果集有一条记录（假设用户名不能重复），则表示登录成功。一般情况下，这种处理是没有问题的，但如果恶意用户用下列方法输入用户名和密码，则情形就大不同了。

用户名：

```
abc
```

密码：

```
' or '1'='1
```

若按照以上形式输入，则 SQL 语句成为：

```
select * fromtb_user='abc' and  password='' or '1'='1';
```

因为'1'='1'肯定成立，所以可以通过任何验证。更有甚者，把[';drop table tb_user;]作为 varpasswd 值传入进来，当然有些数据库是不会让这些密码成功通过验证，但也有很多数据库可以使这些语句得到执行。然而，如果使用预编译语句，就不会产生这些问题。因此，建议尽量使用预编译语句（PreparedStatement）。

3. CallableStatement 接口

CallableStatement 接口是 PreparedStatement 的子接口，是用于执行 SQL 存储过程的接口。JDBC 的 API 提供了一个存储过程的 SQL 转义语法，该语法允许对所有 RDBMS 使用标准方式调用存储过程。此转义语法有一个包含结果参数的形式和一个不包含结果参数的形式。如果使用结果参数，则必须将其注册为 OUT 参数。其他参数可用于输入、输出或同时用于二者。参数是根据编号顺序引用的，第一个参数的编号为 1。以下为示意代码：

```
{?=call <procedure-name>[(<arg1>,<arg2>, ...)]}
{call <procedure-name>[(<arg1>,<arg2>, ...)]}
```

IN 参数值是通过 set 方法（继承自 PreparedStatement 的）来设置。在执行存储过程之前，必须注册所有 OUT 参数的类型；它们的值是在执行后，通过该类提供的 get 方法获取。CallableStatement 可以返回一个或多个 ResultSet 对象。ResultSet 对象使用继承自 Statement 的相关方法处理。为了获得最大的可移植性，ResultSet 对象和更新计数应该在获得输出参数值之前被处理。

下面给出 CallableStatement 执行 SQL 的一个实例：

```
public static void main(String[] args){
    Connection connection=DBConnection.getConn();
    CallableStatement  callableStatement=null;
    ResultSet  resultSet=null;
    int isResultSet;
    try {
        String sql="{call addtb_user('lucas', '30','123')}";
        callableStatement  =connection.prepareCall(sql);
        isResultSet=callableStatement.executeUpdate();

    } catch(SQLException e){
        e.printStackTrace();
    }finally{
        DBConnection.close(connection, callableStatement, resultSet);
        }
    }
```

7.2.5 ResultSet（结果集）

Statement 执行一条查询 SQL 语句后，会得到一个 ResultSet 对象，这个 ResultSet 对象称为结果集，它是存放每行数据记录的集合。有了这个结果集，用户程序就可以从这个对象中检索出所需要的数据并进行处理（如用表格显示）。ResultSet 对象具有指向当前数据行的光标。最初，光标被置于第一行之前（beforefirst），next 方法将光标移动到下一行，该方法返回类型为 boolean 型，若 ResultSet 对象没有下一行时，则返回 false，所以可以用 while 循环来迭代结果集。默认的 ResultSet 对象不可更新，仅有一个向前移动的光标，因此只能迭代一次，并且只能从第一行到最后一行的顺序进行。当然，可以生成可滚动和可更新的 ResultSet 对象。另外，结果集对象与数据库连接（Connection）是密切相关的，若连接被关闭，则建立在该连接上的结果集对象被系统回收，一般情况下，一个连接只能产生一个结果集。

1. 默认的 ResultSet 对象

ResultSet 对象可由 3 种 Statement 语句来创建，分别需要调用 Connection 接口的方法创建。以下是 3 种方法的核心代码：

```
Statement stmt=connection.createStatement();
ResultSet rs=stmt. executeQuery(sql);
PreparedStatement pstmt=connection.prepareStatement(sql);
ResultSet rs=pstmt.executeQuery();
```

```
CallableStatement cstmt=connection.prepareCall(sql);
ResultSet rs=cstmt.executeQuery();
```

ResultSet 对象的常用方法主要包括行操作方法和列操作方法，这些方法可以让用户程序方便地遍历结果集中的所有数据元素，下面分别加以说明。

(1) boolean next()行操作方法：将游标从当前位置向前移动一行，当无下一行时则返回 false。游标的初始位置在第一行前面，所以要访问结果集数据首先要调用该方法。

(2) getXxx(int columnIndex)列方法系列：获取所在行指定列的值。Xxx 实际上与列(字段)的数据类型有关，若列为 String 型则方法为 getString()，若列为 int 型则方法为 getInt()。columnIndex 表示列号，其值从 1 开始编号，如第 2 列则值为 2。

(3) getXxx(String columnName)列方法系列：获取所在行指定列的值。columnName 表示列名(字段名)，如 getString("name")表示得到当前行字段名为 name 的列值。

下面的实例展示了默认的 ResultSet 使用：

```
public static void main(String[] args){
    Connection connection=DBConnection.getConn();
    Statement statement=null;
    ResultSet  resultSet=null;
    try {
        statement  =  connection.createStatement();
        String sql="select * from  tb_user";
        resultSet=statement.executeQuery(sql);
        while(resultSet.next()){
            //getXXX(int columnIndex)方法
             System.out.println("name:"+resultSet.getString(1));
            //getXXX(int columnName)方法
            System.out.println("pass:"+resultSet.getString(2));
            System.out.println("tell:"+resultSet.getString(3));
            }
        } catch(SQLException e){
            e.printStackTrace();
    }finally{
        DBConnection.close(connection, statement, resultSet);
        }
    }
```

2. 可滚动的、可修改的 ResultSet 对象

相比默认的 ResultSet 对象，可滚动的、可修改的 ResultSet 对象功能更加强大，可以适应用户程序的不同需求。一方面，可滚动的 ResultSet 对象可以使行操作更加方便，可以随意地指向任意行，这对用户程序是很有用的。另一方面，结果集是与数据库连接相关联的，而且与数据库的源表也是相关的，可以通过修改结果集对象，达到同步更新数据库的目的，当然这种用法很少被实际采用。同样，3 种 Statement 语句分别需要调用 Connection 接口的相关方法来创建 ResultSet 对象。

(1) Statement 对应 createStatement(int resultSetType, int resultSetConcurrency)方法。

(2) 预编译类型对应 prepareStatement(String sql,int resultSetType, int resultSetConcurrency)方法。

(3) 存储过程对应 prepareCall(String sql,int resultSetType, int resultSetConcurrency)方法。

上述方法中的 resultSetType 参数是用于指定滚动类型,常用值如下:

- TYPE_FORWARD_ONLY,该常量指示光标只能是向前移动的 ResultSet 对象的类型。
- TYPE_SCROLL_INSENSITIVE,该常量指示可以滚动,但通常是不受 ResultSet 所连接数据更改影响的 ResultSet 对象的类型。
- TYPE_SCROLL_SENSITIVE,该常量指示可以滚动,并且通常是受 ResultSet 所连接数据更改影响的 ResultSet 对象的类型。

resultSetConcurrency 参数用于指定是否可以修改结果集。常用值如下:

- CONCUR_READ_ONLY,该常量指示是不可以更新的 ResultSet 对象的并发模式。
- CONCUR_UPDATABLE,该常量指示是可以更新的 ResultSet 对象的并发模式。

常用方法与默认的 ResultSet 对象相比,多了行操作方法和修改结果集列值(字段)的方法,分别说明如下:

- boolean absolute(int row),将光标移动到此 ResultSet 对象的给定行编号。
- void afterLast(),将光标移动到此 ResultSet 对象的末尾,即位于最后一行之后。
- void beforeFirst(),将光标移动到此 ResultSet 对象的开头,即位于第一行之前。
- boolean first(),将光标移动到此 ResultSet 对象的第一行。
- boolean isAfterLast(),获取光标是否位于此 ResultSet 对象的最后一行之后。
- boolean isBeforeFirst(),获取光标是否位于此 ResultSet 对象的第一行之前。
- boolean isFirst(),获取光标是否位于此 ResultSet 对象的第一行。
- boolean isLast(),获取光标是否位于此 ResultSet 对象的最后一行。
- boolean last(),将光标移动到此 ResultSet 对象的最后一行。
- boolean previous(),将光标移动到此 ResultSet 对象的上一行。
- boolean relative(int rows),按相对行数(或正或负)移动光标。
- void updateXxx(int columnIndex, Xxx x)方法系列,按列号修改当前行中指定列值为 x,其中 x 的类型为方法名中的 Xxx 所对应的 Java 数据类型。例如,第 2 列为 int 型,则为 updateInt(2,45)。
- void updateXxx(int columnName, Xxx x)方法系列,按列名修改当前行中指定列值为 x,其中 x 的类型为方法名中的 Xxx 所对应的 Java 数据类型。

- void updateRow(),用此 ResultSet 对象的当前行的新内容更新所连接的数据库。
- void insertRow(),将插入行的内容插入到此 ResultSet 对象和数据库中。
- void deleteRow(),从此 ResultSet 对象和连接的数据库中删除当前行。
- void cancelRowUpdates(),取消对 ResultSet 对象中的当前行所做的更新。
- void moveToCurrentRow(),将光标移动到记住的光标位置,通常为当前行。
- void moveToInsertRow(),将光标移动到插入行。

下面的实例展示了可滚动的 ResultSet 使用:

```
public static void main(String[] args){
    Connection connection=DBConnection.getConn();
    Statement statement=null;
    ResultSet  resultSet=null;
    try {
statement=connection.createStatement(ResultSet.TYPE_SCROLL_INSENSITIVE,
        ResultSet.CONCUR_READ_ONLY);
        String sql="select * from tb_user";
        resultSet=statement.executeQuery(sql);
        System.out.println("当前游标是否在第一行之前:"+resultSet.isBeforeFirst());
        System.out.println("从前往后的顺序显示结果集:");
        while(resultSet.next()){
            String name=resultSet.getString("userName");
            String pass=resultSet.getString("password");
            String tell=resultSet.getString("tell");
            }
        System.out.println("当前游标是否在最后一行之"+resultSet.isAfterLast());
        System.out.println("从后往前的顺序显示结果集:");
        while(resultSet.previous()){
            String name=resultSet.getString(1);
            String pass=resultSet.getString(2);
            String tell=resultSet.getString(3);
            System.out.println("姓名:"+name+" pass:"+pass+" tell:"+tell);
}
        System.out.println("将游标移到第一行");
        resultSet.first();
        System.out.println("游标是否在第一行"+resultSet.isFirst());
        System.out.println("将游标移动到最后一行");
        resultSet.last();
        System.out.println("游标是否在最后一行"+resultSet.isLast());
        System.out.println("将游标移动到最后一行的前 3 行");
        resultSet.relative(-3);
        …
    } catch(SQLException e){
        e.printStackTrace();
```

```
    }finally{
        DBConnection.close(connection, statement, resultSet);
    }
}
```

7.3 使用 JDBC 元数据

元数据是数据的数据，用于表述数据的属性。在 JDBC 中，提供了 3 个关于元数据的接口：DatabaseMetaData、ResultSetMetaData 和 ParameterMetaData 接口。其中，DatabaseMetaData 用于描述数据库的整体综合信息，通过该对象可以获取用户数据库的表名等属性；ResultSetMetaData 可用于获取关于 ResultSet 对象中列的类型和属性信息；ParameterMetaData 可用于获取关于 PreparedStatement 对象中每个参数标记的类型和属性信息。

7.3.1 DatabaseMetaData 的使用

1. 如何创建 DatabaseMetaData

DatabaseMetaData 对象的创建需要通过 Connection 接口的 getMetaData 方法，其核心代码如下：

```
Connection connection=DBConnection.getConn();
databaseMetaData=connection.getMetaData();
```

2. DatabaseMetaData 的常用方法

DatabaseMetaData 接口提供的方法有 150 多个，这里省略，读者可以自己查看相关 JavaAPI 文档。

下面的实例展示了 DatabaseMetaData 的一些用法：

```
public static void main(String[] args){
    Connection connection=DBConnection.getConn();
    Statement statement=null;
    ResultSet  resultSet=null;
    DatabaseMetaData databaseMetaData=null;
    try {
        databaseMetaData=connection.getMetaData();
        System.out.println("登录的 URL:"+databaseMetaData.getURL());
        System.out.println("登录的用户名:"+databaseMetaData.getUserName());
        System.out.println("数据库产品名: "+databaseMetaData.getDatabaseProductName());
        System.out.println("数据库版本:"+databaseMetaData.getDatabaseProductVersion());
    } catch(Exception e){
```

```
        e.printStackTrace();
    }finally{
        DBConnection.close(connection, statement, resultSet);
    }
}
```

7.3.2 ResultSetMetaData 的使用

1. 如何创建 ResultSetMetaData

ResultSetMetaData 对象的创建，需要通过 ResultSet 接口的 getMetaData 方法，其核心代码如下：

```
resultSet=statement.executeQuery(sql);
resultSetMetaData=resultSet.getMetaData();
```

2. ResultSetMetaData 的常用方法

ResultSetMetaData 常用方法如下：

(1) int getColumnCount()，返回此 ResultSet 对象中的列数。

(2) String getColumnTypeName(int column)，获取指定列的数据库特定的类型名称。

(3) String getColumnName(int column)，获取指定列的名称。

下面的实例展示了 ResultSetMetaData 的一些用法：

```
public static void main(String[] args){
    Connection connection=DBConnection.getConn();
    Statement statement=null;
    ResultSet  resultSet=null;
    ResultSetMetaData resultSetMetaData=null;
    int columnCount;
    try {
        statement  =  connection.createStatement();
        String sql="select * from tb_user";
        resultSet=statement.executeQuery(sql);
        resultSetMetaData=resultSet.getMetaData();
        columnCount=resultSetMetaData.getColumnCount();
        System.out.println("结果集包含的列数为"+columnCount);
        for(int i=1;i<=columnCount;i++){
            System.out. println ( " 第 " + i +" 列 的 列 名 为 " + resultSetMetaData.
            getColumnName(i)+","+"类型为"+resultSetMetaData.getColumnTypeName
            (i));
        }
    } catch(SQLException e){
```

```
            e.printStackTrace();
        }finally{
            DBConnection.close(connection, statement, resultSet);
        }
    }
```

7.3.3 ParameterMetaData 的使用

1. 如何创建 ParameterMetaData

ParameterMetaData 对象的创建,需要通过 PreparedStatement 接口的 getParameterMetaData 方法,其核心代码如下:

```
preparedStatement=connection.prepareStatement(sql);
parameterMetaData=preparedStatement.getParameterMetaData();
```

2. ParameterMetaData 的常用方法

ParameterMetaData 的常用方法如下:

(1) int getParameterCount(),获取 PreparedStatement 对象中的参数的数量,此 ParameterMetaData 对象包含了该对象的信息。

(2) String getParameterTypeName(int param),获取指定参数的特定于数据库的类型名称。

下面的实例展示了 ParameterMetaData 的一些用法:

```
public static void main(String[] args){
    Connection connection=DBConnection.getConn();
    PreparedStatement preparedStatement=null;
    ResultSet  resultSet=null;
    ParameterMetaData parameterMetaData=null;
    int parameterCount ;
    try {
        String sql="delete from tb_user where userName=? and password=? ";
        preparedStatement=connection.prepareStatement(sql);
        parameterMetaData =preparedStatement.getParameterMetaData();
        parameterCount=parameterMetaData.getParameterCount();
        System.out.println("上面的 SQL 语句中共有"+parameterCount+"个参数");
        for(int i=1;i<=parameterCount;i++){
            System.out.println("第"+i+"个参数类型为"+parameterMetaData.
            getParameterTypeName(i));
        }
    } catch(SQLException e){
        e.printStackTrace();
```

```
        }finally{
            DBConnection.close(connection, preparedStatement, resultSet);
        }
    }
```

7.4 本章小结

本章详细介绍了JDBC的概念、基本原理及其使用，对JDBC技术体系中的重要接口进行了详细的说明及其代码演示，使读者对JDBC技术有全面的了解，为DAO层的设计打下扎实的理论基础。

第 8 章 数据库访问层的设计与实现

本章主要介绍数据库访问层 DAO 的概念和设计思想，并根据 ORM 思想设计一个简易的 ORM 工具，以便加深对 DAO、ORM 设计思想的理解。在 MVC 模式下，通过实际项目中一些业务过程的实现，介绍 DAO 技术的应用。

8.1 数据库访问层的基础知识

8.1.1 DAO 基本概念

Web 项目大都采用 MVC 开发模式，之前的章节还没有涉及数据库。随着 JDBC 技术的应用，Web 项目变得更加立体和丰富了，随之而来所需要处理的技术问题也越来越多了。显然，JDBC 技术应该属于业务逻辑层(M 层)范畴，但由于 JDBC 技术相对独立，从软件的可重用性、可维护性出发，应该把 JDBC 技术从 M 层剥离开来，单独设立数据库访问层(DAO 层)。

DAO 的英文全称为 Data Access Object 即数据访问接口对象。

在核心 J2EE 模式中是这样介绍 DAO 模式的：为了建立一个健壮的 J2EE 应用，应该将所有对数据源的访问操作抽象封装在一个公共 API 中。用程序设计的语言来说，就是建立一个接口，接口中定义了此应用程序中将会用到的所有事务方法。在这个应用程序中，当需要和数据源进行交互的时候则使用这个接口，并且编写一个单独的类来实现这个接口。

需要说明的是，本章介绍的 DAO 层设计只是体现 J2EE 模式的一些思想，并不完全按照 J2EE 模式的要求去设计与实现，但对于中小型项目来说，这已经足够了。DAO 层设计的主要思想是封装 JDBC，本章介绍的类主要有两种：第一种类是连接管理器，负责连接资源的获得和释放；第二种类是负责具体的数据库常用事务的处理，包括增加、删除、修改、查询等操作。图 8-1 描述了具有 DAO 层的 MVC 架构。

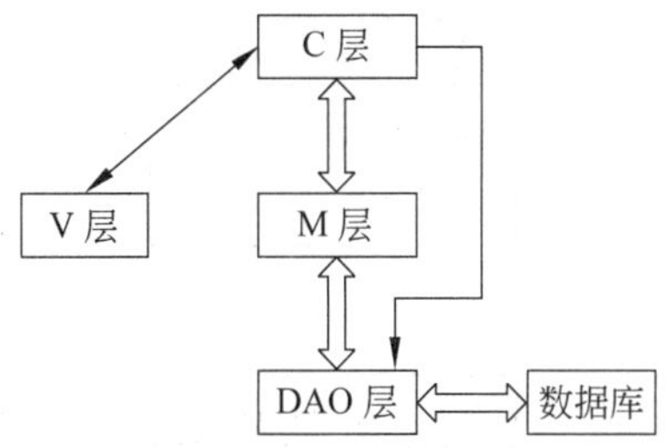

图 8-1　具有 DAO 层的 MVC 架构

在图 8-1 中，当业务逻辑很简单时，也可以不设计业务类，此时 C 层也可以直接调用 DAO 层。

8.1.2　DAO 层架构

在 JDBC 技术规范中，JDBC 中的所有接口与具体数据库无关，支持 JDBC 的数据库厂商都提供了实现 JDBC 接口的类。因此，除了一些特殊的要求外，如特殊的 SQL 语法等，数据库的业务操作和事务处理与具体数据库无关。把数据库的常用操作和事务处理封装成一个数据库服务类，接受项目中具体业务流程类的调用，这也符合软件设计的要求和规范。

在具体设计过程中，主要有两种思路：第一种设计思路是可以针对每一张数据库表设计一个服务类，例如针对 usertable 表设计一个具有增加、删除、修改、查询等操作的类(DAOUsertable)，这种设计思想具有简单、有效且与实体类一一对应等优点，但也存在与数据库的耦合强、可重用性不强等缺点；第二种设计思路是不针对具体数据库的表，目标对象是整个数据库，对于具体的数据库进行操作，以 SQL 语句作为业务层到 DAO 层的传递参数，若应用程序需要返回结果集中的各字段名及数据类型，则可用数据库元技术实现。

由于各种框架(如 Hibernate)的出现，"一表一服务"类的思想成为主流，所以本章只介绍第一种设计思路。为了说明问题，本章的数据库采用 MySQL，用户数据库为 bookstore，4 张表分别为 tb_book、tb_booktype、tb_order 及 tb_user，其架构图如图 8-2 如示。

DAO 层的架构具体说明如下。

(1) DBUtil：主要负责对驱动、数据源、数据库的连接以及对连接池的管理。

(2) UserDAO：主要负责对表 user 的数据库操作。

(3) 其他 DAO：与(1)和(2)类似，体现"一表一服务"的设计思想。

(4) 在图 8-2 的设计中都设计了一层接口，虽然对于要求简单实现的系统这样做似乎是多余的，但是对于复杂的系统，面向接口与抽象的编程是必须的，它有利于系统的维护和扩展。需要注意，接口是不变的，实现的类(对象)是可以变化的，这让程序去选择，甚至可以在系统运行中动态装配所需对象。读者以后接触 Spring 框架后对此会有深刻认识。

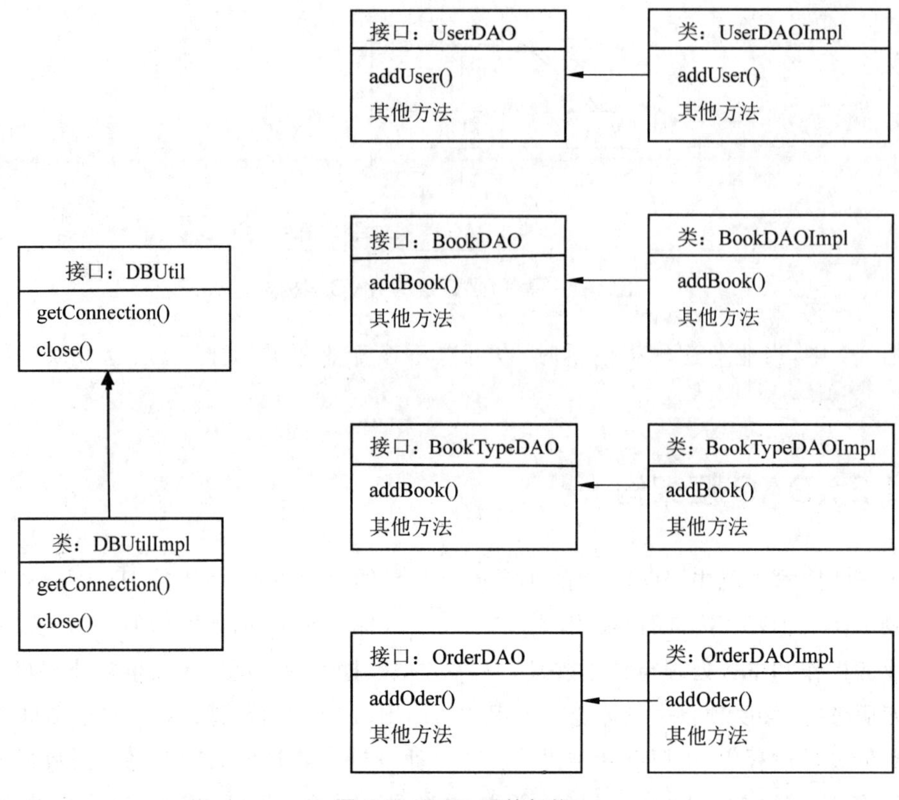

图 8-2 DAO 层的架构

8.2 DBUtil 的设计与实现

8.2.1 连接池技术简介

如前所述，用户程序利用 JDBC 技术访问数据库，必须首先建立数据库连接，访问结束后，再释放该连接。而建立连接过程是需要耗费系统资源的，如果系统访问量过大，将会对系统的性能产生明显的影响。连接池技术的核心思想是：连接复用，通过建立一个数据库连接池以及一套连接使用、分配、管理策略，使得该连接池中的连接可以得到高效、安全的复用，避免了数据库连接频繁建立和关闭的开销。JDBC 3.0 规范中提供了一个支持数据库连接池的框架。这个框架定义了一组协议和接口，但没有提供具体的实现，可由开发人员根据不同需求由自己设计实现。

实现一个连接池其实并不复杂，它主要包括连接池的初始化、连接池的管理和连接池的整体释放。描述如下。

1. 连接池的初始化

应用程序中建立的连接池其实是一个静态连接池。所谓静态连接池，是指连接池中的连接在系统初始化时就已经分配好，而且不能随意关闭连接。Java 中提供了很多容器类可以方便地构建连接池，例如 Vector、Stack 等，可以采用通过读取连接属性文件 Connections.properties 与数据库实例建立连接。在系统初始化时，根据相应的配置创建连接并放置在连接池中，以便需要使用时能从连接池中获取，这样就可以避免连接随意地建立和关闭所造成的开销。

2. 连接池的管理

连接池的连接分配管理策略是连接池机制的核心。当连接池建立后，如何对连接池中的连接进行管理，解决好连接池内连接的分配和释放，对系统的性能有很大的影响。连接的合理分配、释放可以提高连接的复用，降低系统建立新连接的开销，同时也可提高用户的访问速度。下面介绍一种连接池中连接的分配、释放策略。

连接池的分配、释放策略很多，这里介绍一个很有名的设计模式：Reference Counting（引用记数），该模式在复用资源方面有着非常广泛的应用。这种设计模式的基本思想是：为每一个数据库连接保留一个引用记数，用来记录该连接的使用者的个数。具体的实现方法如下。

（1）当客户请求数据库连接时，首先查看连接池中是否有空闲连接（指当前没有分配出去的连接）。如果存在空闲连接，则把连接分配给客户并进行相应处理（即标记该连接为正在使用，引用计数加 1）；如果没有空闲连接，则查看当前所开的连接数是不是已经达到 maxCount（最大连接数），如果没有达到就重新创建一个连接给请求的客户，如果已经达到就按设定的最大等待时间（maxWaitTime）让用户进行等待，如果等待 maxWaitTime 后仍没有空闲连接，那么系统就抛出无空闲连接的异常给用户。

（2）当客户释放数据库连接时，先判断该连接的引用次数是否超过了规定值，如果超过了规定值，则删除该连接，并判断当前连接池内的总连接数是否小于 minCount（最小连接数），若小于就将连接池充满；如果没有超过规定值，则将该连接标记为开放状态，可供再次复用。可以看出，正是这套策略保证了数据库连接的有效复用，避免频繁地建立、释放连接所带来的系统资源开销。

3. 连接池的整体释放

当应用程序退出时，应该关闭连接池。此时，应该把在连接池建立时向数据库申请的所有连接对象统一归还给数据库（即关闭所有的数据库连接），这与连接池的建立正好是一个相反的过程。

除非有特殊需求，用户才开发自己的连接池技术。更多的情况下，用户可以直接使用应用服务器（如 Weblogic、Tomcat、WebSphere 等）提供的基于数据源的数据库连接管理服务，只需进行适当的配置就可以使用连接池技术。

8.2.2 数据源与 JNDI 技术

1. 数据源技术

数据源是实际数据库的替代品，或者说是实际数据库的一个引用。数据源中并无真正的数据，它记录的仅仅是连接到哪个数据库以及如何连接，一个数据库可以有多个数据源(多个引用)，因此，数据源只是连接到实际数据库的一条路径而已。也就是说，数据源仅仅是数据库的连接名称。一个数据源就是一个用来存储数据的工具，它可以是复杂的大型企业级数据库，也可以是简单的只有行和列的文件。数据源可以位于服务器端，也可以位于客户端。

在 Java 语言中，DataSource 对象就是一个代表数据源实体的对象。如前所述，应用程序可以通过 DriverManager 获得数据库的一个连接。有了数据源技术后，也可以通过 DataSource 对象获得数据库的一个连接。但两者是有区别的，后者更有优势。

(1) 首先，程序不需要像使用 DriverManager 那样进行硬编码。一般情况下，应用服务器(如 Tomcat)提供通过配置方式来产生数据源对象的途径，并且为该数据源对象确定一个逻辑名。继而，可以在 JNDI 中注册该逻辑名(代表数据源对象)。最后，客户程序利用 JNDI 技术，通过该逻辑名自动找到与这个名称绑定的数据源对象，这样就可以使用这个 DataSource 对象来建立和具体数据库的连接了。由此可见，由于有关实际数据库的信息由配置文件来控制，对于类似数据库驱动程序信息，不会出现在用户程序中。而且，如果改变实际数据库(如原来用 MySQL，现改为 SQLServer)，则表示数据源对象的逻辑名不变，只改变配置文件即可实现，也无须改变客户端代码。因此，数据源技术具有安全性好、可重用性高、可移植性好等优点。

(2) 使用后者的第二个优势体现在连接池和分布式事务实现方面。这是因为，许多应用服务器(如 Tomcat 等)对数据源都提供了连接池的实现，用户不需要再开发了，这大大地提高了开发效率。

在 JDBC 2.0 和 JDBC 3.0 中，所有的数据库驱动程序提供商必须提供一个实现了 DataSource 接口的类。需要说明的是，一般数据源和 JNDI 技术需要一起使用。

2. JNDI 技术

JNDI 是用于向 Java 程序提供目录和命名功能的 API，它被设计成独立于特定的目录服务，所以各种各样的目录都可以通过相同的方式进行访问。

可以简单地把 JNDI 理解成一种将对象和名字绑定的技术，JNDI 的对象工厂负责生产出对象，这些对象都和唯一的名字绑定。外部程序可以通过名字来获取对某个对象的引用。

在 Intranet(企业内部网)和 Internet(互联网)中，目录服务(Directory service)扮演了一个非常重要的角色，它能够在众多的用户、机器、网络、服务和应用程序中访问各种各样的信息。目录服务提供了一系列的命名措施，用人类可以理解的命名方式来刻画各种各样的实体之间的关系。

一个企业式计算环境(computing environment)通常是由若干代表不同部分的命名复合而成。例如,在一个企业级环境中,域名系统(Domain Name System,DNS)通常被当成顶层的命名方案(top-level namein facility)来区分不同的部门或组织,而这些部门或组织自己又可以使用诸如LADP或DNS的目录服务。

从用户的角度来看,这些都是由不同的命名方案构成的复合名称。URL就是一个典型的例子,它由多个命名方案构成。使用目录服务应用程序必须支持这种复合构成方式。

使用目录服务API的Java开发人员获得的好处,不仅在于API独立于特定的目录或命名服务,而且可以通过多层的命名方案无缝访问(seamless access)目录对象。实际上,任何应用程序都可以将自身的对象和特定的命名绑定起来,这种功能使得任何的Java程序可以查找和获取任何类型的对象。

终端用户可以方便地使用逻辑名称,从而轻易地在网络上查找和识别各种不同的对象,目录服务的开发人员可以使用API,方便地在不同的客户和服务器端之间进行切换,而不须进行任何更改。

在Web项目开发中,JNDI技术的主要作用是:通过表征数据源对象的逻辑名在JNDI的注册,利用名字与对象绑定功能,找到数据源对象,从而实现对数据库的访问。

8.2.3 配置数据源与连接池

在Tomcat中配置数据源,假设使用数据库为MySQL。数据源的配置涉及修改Context. xml和Web. xml,其中,context. xml在Tomcat7的conf目录下,Web. xml文件在\项目名\WEB-INF目录下。在Context. xml中,加入定义数据源的元素＜Resource＞,该元素的属性说明如下。

name:逻辑名,表征数据源对象,可用于JNDI的注册名。

auth:指定管理Resource的Manager,它有Container和Application两个可选值。

type:指定Resource所属的Java类名,一般为javax. sql. DataSource。

factory:指定生成的DataResource的factory类名,可省略。

maxActive:指定数据库连接池中处于活动状态的最大连接数目,0表示不受限制。

maxIdle:指定数据库连接池中处于空闲状态的最大连接数目,0表示不受限制。

maxWait:指定连接等待的最长时间,超过会抛出异常,－1表示无限。

username:指定连接数据库的用户名。

password:指定连接数据库的口令。

driverClassName:指定连接数据库的JDBC驱动程序。

url:指定连接数据库的URL。

应用示例如下:

```
<?xml version='1.0' encoding='utf-8'?>
<Context>
    <WatchedResource>WEB-INF/web.xml</WatchedResource>
    <Resource name="jdbc/bookDB"
            type="javax.sql.DataSource"
            auth="Container"
            driverClassName="com.mysql.jdbc.Driver"
            maxActive="100"
            maxIdle="30"
            maxWait="10000"
url="jdbc:mysql://127.0.0.1:3306/bookstore?useUnicode=true&characterEncoding=
utf-8"
            username="root" password="123456" />
</Context>
```

以上配置在 Tomcat 启动时，会产生一个逻辑名为 jdbc/bookDB 的数据源对象，该对象实际上是配置文件指定的实际数据库的一个引用。同时，Tomcat 提供了该数据源对象的连接池管理，连接池的主要参数由配置文件决定，连接池的连接分配策略由系统决定。读者若有兴趣，可以查阅相关技术文档。

应用程序使用数据源，必须把该数据源的逻辑名注册到名称空间中。具体做法是：在 Web.xml 中加入<resource-ref>元素：<resource-ref>元素表示在 Web 应用中引用的 JNDI 资源，该元素的属性描述的描述如下。

description：对所引用的资源的说明。

res-ref-name：指定所引用资源的 JNDI 名字，与<Resource>元素中的 name 属性对应。

res-type：指定所引用资源的类名字，与<Resource>元素中的 type 属性对应。

res-auth：指定所引用资源的 Manager，与<Resource>元素中的 auth 属性对应。

应用示例如下：

```
<resource-ref>
    <description>DBConnection</description>
    <res-ref-name>jdbc/bookDB</res-ref-name>
    <res-type>javax.sql.DataSource</res-type>
    <res-auth>Container</res-auth>
</resource-ref>
```

8.2.4 基于数据源的 DBUtil 实现

之所以设计接口 DBUtil，是充分考虑以后的变化，有利于系统的扩展。可以采用不同的数据库技术设计实现 DBUtil，或者采用成熟的 ORM 框架（如 Hibernate 等）设计实现

DBUtil。为了简化问题，本书对于 DBUtil 的设计进行了简化，只负责数据库连接的管理及资源的释放，具体如下：

```
import java.sql.Connection;
import java.sql.ResultSet;
import java.sql.Statement;
public interface DBUtil {
    public Connection getConnection();
    public void close(Connection conn,Statement stm, ResultSet rs);
}
```

本书对实现类 DBUtilImpl 的设计采用数据源技术，其主要思路是利用 JNDI 获得数据源。在 JNDI 中，javax. naming 包中提供了 Context 接口，该接口提供了将对象和名字绑定，以及通过名字检索对象的方法。Context 中的主要方法如下。

bind(String name,Object object)：将对象与一个名字绑定。

lookup(String name)：返回与指定的名字绑定的对象。

当在 Tomcat 中配置数据源完成时，Tomcat 就会把该数据源绑定到 JNDI 名称空间，用户程序可以用下面代码得到该数据源。

```
Context ctx=new InitalContext();
DataSource ds=(DataSource)ctx.lookup("java:comp/env/jdbc/BookDb");
```

对于字符串 java:comp/env/jdbc/bookDB"，后半部分 jdbc/bookDB 为数据源的逻辑名（见上面配置文件），前半部分 java:comp/env 可以理解为协议名或者规则名，也就是说，JNDI 利用该规则去寻找该数据源。

有了数据源后，就可以从该数据源获取一个连接，进行各种数据库操作，也可以关闭这个连接。需要注意的是，当用户调用 con. close()关闭该连接时，并不一定是真正意义上关闭该连接（物理关闭），而是交还给连接池。

有了数据源和连接池技术后，不仅提高了访问数据库的效率，也使操作数据库变得相对简单。基于数据源和连接池技术，访问和操作数据库，其参考代码如下：

```
package DAO;
import java.sql.Connection;
import java.sql.ResultSet;
import java.sql.Statement;
import java.sql.SQLException;
import javax.naming.Context;
import javax.naming.InitialContext;
import javax.naming.NamingException;
import javax.sql.DataSource;
public classDBUtilImpl implements DBUtil {
private static DataSource ds=null;
```

```
public static DataSource getDataSource()throws Exception{
    long start=System.currentTimeMillis();
    if(ds ==null){
        Context initContext=new InitialContext();       //初始化
        if(initContext ==null)throw new Exception("No Context");
        Context envContext=(Context)initContext.lookup("java:/comp/env");
        ds=(DataSource)envContext.lookup("jdbc/bookDB");
        //需要与 Context 里的目录一致
        long end=System.currentTimeMillis();
        System.out.println(end-start);                  //测试连接数据库时间
        }
    return ds;
    }
public Connection getConnection(){
    try {
        Connection conn=getDataSource().getConnection();
        if(conn !=null)  return conn;
        } catch(Exception e){ e.printStackTrace(); }
    return null;
    }
public  void close(Connection conn,Statememt stm, ResultSet rs){
    if(rs !=null){
        try {rs.close();
        } catch(SQLException e){}
    }
    if(stm!=null){
        try {conn.close();
        } catch(Exception ec){}}
    }
    if(conn !=null){
        try {conn.close();
        } catch(Exception ex){}}
    }
}
```

8.3 DAO 层的实现

8.3.1 数据库表结构

假设 tb_book、tb_booktype、tb_user 和 tb_order 4 张表的数据字典如表 8-1、表 8-2、表 8-3 和表 8-4 定义。

表 8-1　tb_book 表的定义

列　名	数据类型	主　键	外　键	描　述
bookID	varchar(50)	是	—	主键
bookName	varchar(200)	—	—	名称
price	int	—	—	价格
publishing	varchar(200)	—	—	出版社
storage	int	—	—	数量
type	int	—	是	类别

表 8-2　tb_booktype 类别表的定义

列　名	数据类型	主　键	外　键	描　述
type	int	是	是	主键
typeName	varchar(200)	—	—	类别名

表 8-3　tb_user 表的定义

列　名	数据类型	主　键	外　键	描　述
userName	varchar(50)	是	—	用户名
password	varchar(50)	—	—	密码
tell	varchar(50)	—	—	电话

表 8-4　tb_order 表的定义

列　名	数据类型	主　键	外　键	描　述
ID	int	是	—	ID,自动递增
bookID	varchar(50)	—	是	书号
bookName	varchar(200)	—	—	书名
price	int	—	—	价格
num	int	—	—	数量
userName	varchar(50)	—	是	用户名
status	int	—	—	状态
date	data	—	—	日期

注：订单表中,有些字段可能没有必要,为了简化问题,表中未设,用—表示。

8.3.2　ORM 技术

ORM(Object Relational Mapping,对象关系映射)是一种程序技术,用于实现面向对象编程语言里不同类型系统的数据之间的转换。面向对象是一种软件建模方法,它最大的特点是封装、继承与动态,用于解决软件工程中的耦合、聚合、封装等问题,而关系数据库则是从关系代数理论发展而来的,两套理论存在显著的区别。为了解决这个不匹配的现象,对象关系映射技术应运而生。从效果上说,它其实是创建了一个可以在编程语言里使用的"虚拟对象数据库"。也就是说,在面向对象环境中,业务类可以直接用类似 save(User user)方式来操作数据库,而对于其内部如何实现,则需要对 JDBC 的进一步封闭。目前,众多厂商和开源社区都提供了持久层框架的实现,其中 Hibernate、Ibatis/MyBatis 成为主流,尤其是 Hibernate,其轻量级 ORM 模型逐步确立了在 Java ORM 架构中的领导地位,甚至取代了复杂又烦琐的 EJB 模型而成为事实上的 Java ORM 工业标准。

这里并不介绍开源框架,而是按 ORM 思想,设计一个简易的 ORM 工具,以便加深对 ORM 思想的理解,为选择合适的 ORM 框架打下基础。

ORM 思想需要解决的核心问题是对象数据与表数据之间的相互转换。也就是说,把 Java 环境下的对象转换成为数据库 SQL 中的相应字段;反之,把从数据库查询出来的结果集组装成 Java 对象。

其实前面提到的浏览器 HTML 环境与后台服务器的 Java 环境也存在类似问题,显然,HTML 环境下的 JS 数据(或 JS 对象)与后台 Java 环境下的对象数据大相径庭,最终用 JSON 数据形式予以统一。

例如,注册过程业务,其最后的实质就是在用户表中增加一条记录,但针对 3 个不同环境(HTML、Java 服务器、关系数据库),视角不一样,所要要求的数据形态也不一样。由于系统的核心是业务层,所以其他两个环境的数据形态必须有一个数据转换接口。以下为示意说明。

HTML 页面(表单数据,String 格式)→JSON 格式→网络(Http: 文本串)→Java 服务器(JSON 字符串转变为 User 类型对象)→业务层执行 save(user)→DAO 层的 UserDAO 的方法: addUser(User u)→SQL: insert into tb_user(userName, password, tell) values (?,?,?),其中问号"?"位可以用 pst.setString(1, userName)实现。

又如: 得到个人信息,其实质是从数据库用户表(tb_user)中获取一条记录,返回客户端(HTML)显示。但是,其过程并不简单,以图 8-3 说明。

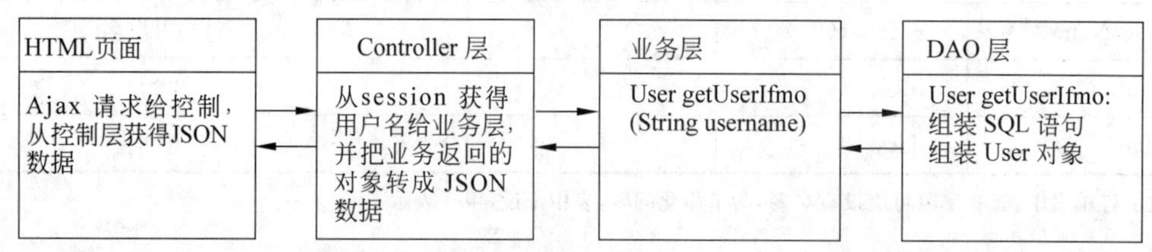

图 8-3 过程示意图

由此可得,DAO 层的实质就是把业务层传过来的对象数据组装成 SQL 语句,把 SQL 语句执行的结果集组装成业务对象返回给业务层。

8.3.3 UserDAO 的设计与实现

对于数据库表的操作，理论上只与对应的表结构相关，但是在具体设计过程中，可以参考具体的业务过程。例如，对于用户表，项目中常用的业务操作为注册、登录、修改个人信息、管理员查询用户以及成批用户数据导入等，实际归结为对数据库用户表的 update(注册、修改个人信息、成批用户数据导入)、query(登录、管理员查询用户)等操作。由于各种业务操作要求的返回数据类型及具体实现不一致，所以，在实际设计类的方法(服务功能)时，并不只设计两种方法(query 和 update)。例如，对于查询方法，并不是都是返回结果集类型的，还有更多类型，如返回表中的总记录数(long 或 int 型)、返回注册成功信息(boolean 型)等。这需要编程者在不断的实践积累中，得以总结和完善。下面以 DAOUser 为例，说明类设计的一般方法与思路。

DAOUser 接口的 API 根据表结构及业务过程，进行综合分析，不同的项目有不同的对策，各种 DAO 框架也有自己的对策，表 8-5 列出的方法仅供读者参考。

表 8-5　UserDAO 的参考 API

序号	返回类型	方　法　名	形参说明	说　　明
1	long/int	rowCount()	无	获得总记录数，可用于分页处理等
2	boolean	isExistence(User u)	指定用户	用于查询或登录等业务
3	boolean	isExistence(String name)	一般是主关键字	用户名是否可用，用于注册等业务
4	boolean	isExistence(String name, String pass)	—	用于登录等业务
5	List<User>	queryByField(String field) 如 queryByTell(String tell)	不是关键字	通过某个字段查询 例如，通过电话字段查询
6	boolean	addUser(User u)	—	用于注册等业务
7	boolean	addByBatch(List<User> list)	用户集合	可用于成批录入等业务
8	boolean	update(User u)	—	可用于个人信息的修改
9	boolean	updateByField(String field)	—	修改某个字段，如以下示例
		updateByPassword(String pass)	—	修改密码
10	boolean	delete(User u)	—	删除一个用户记录
11	boolean	delByUserName(String name)	主关键字	删除一个用户记录
12	boolean	delByField(String field)	—	根据字段删除一批记录

对于其实现类 DAOUserImpl，下面给出部分方法的具体实现，以供参考。

```
package com.DAO;
import java.sql.Connection;
```

```
import java.sql.PreparedStatement;
import java.sql.ResultSet;
import java.sql.SQLException;
import com.entities.User;
public class UserDAOImpl {
    private Connection conn=null;
    private PreparedStatement pst=null;
    private ResultSet rs=null;
    public User getUserByUserName(String userName){
        User user=null;
        DBUtil dbutil=new DBUtilImpl();
        try{
            conn=dbutil.getConnection();
            String sql="SELECT * FROM tb_user WHERE userName=?";
            pst=conn.prepareStatement(sql);
            pst.setString(1, userName);
            rs=pst.executeQuery();
            rs.next();
    user=new User(rs.getString(1),rs.getString(2),rs.getString(3));
        } catch(SQLException e){
            System.out.println("数据库操作错误");
        } finally {
            dbutil.close(conn, pst, rs);
        }
        return user;
    }
    public  boolean isExistence(String userName){
        boolean flag=true;int i=0;
        DBUtil dbutil=new DBUtilImpl();
        conn=dbutil.getConnection();
        if(conn==null)return false;                    //没有获取连接
        String sql="SELECT * FROM tb_user WHERE userName=?";
        try {
            pst=conn.prepareStatement(sql);
            pst.setString(1, userName);
            rs=pst.executeQuery();
            if(!rs.next())flag=false;
        } catch(SQLException e){
            e.printStackTrace();
            flag=false;
        } finally {
            DBConnection.close(conn, pst, rs);
        }
        return flag;
```

```
}
public boolean isExistence(String user,String pass){
    boolean flag=true;int i=0;
    DBUtil dbutil=new DBUtilImpl();
    conn=dbutil.getConnection();
    if(conn==null)return false;                      //没有获取连接
String sql="SELECT * FROM tb_user WHERE userName=?and password=?";
    try {
        pst=conn.prepareStatement(sql);
        pst.setString(1, user);
        pst.setString(2, pass);
        rs=pst.executeQuery();
        if(!rs.next())flag=false;
    } catch(SQLException e){
        e.printStackTrace();
        flag=false;
    } finally {
        dbutil.close(conn, pst, rs);
    }
    return flag;
}
public boolean addUser(User user){
    boolean flag=true;
    DBUtil dbutil=new DBUtilImpl();
    conn=dbutil.getConnection();
    if(conn==null)return false;                      //没有获取连接
    String sql="insert into tb_user(userName,password,tell)values(?,?,?)";
    try {
        pst=conn.prepareStatement(sql);
        pst.setString(1,user.getUserName());
        pst.setString(2, user.getPassword());
        pst.setString(3, user.getTell());
        pst.executeUpdate();
        flag=true;
    } catch(SQLException e){
        e.printStackTrace();
        flag=false;
    } finally {
        dbutil.close(conn, pst, rs);
    }
    return flag;
}
public boolean updateUser(User user){
    DBUtil dbutil=new DBUtilImpl();
```

```
        conn=dbutil.getConnection();
        boolean flag=false;
        if(conn==null)return false;                          //没有获取连接
    String sql="update tb_user set password=?, tell=?where userName=?" ;
        try{
            pst=conn.prepareStatement(sql);
            pst.setString(1,user.getPassword());
            pst.setString(2,user.getTell());
            pst.setString(3,user.getUserName());
            pst.executeUpdate();
            flag=true;
        }catch(SQLException e){
            e.printStackTrace();
        } finally {
            dbutil.close(conn, pst, rs);
        }
        return flag;
    }
//其他方法,读者可行实现
}
```

其他表的 DAO 层实现,也可以参考 UserDAOImpl 类的思想。结合业务过程,本书后面会继续给出其他表 DAO 的具体实现。

8.4 应用案例:登录、注册代码重构及个人中心实现

8.4.1 业务层的设计与实现

在 MVC 模式下,M 层就是业务层,也称为商业逻辑层或 service 层,负责系统的核心业务的实现,如图 8-1 所示。业务层一般由实体 Bean 类和业务类组成,实体类相对简单,它没有业务方法,只有对类属性的 set/get 方法,一般与数据库中的表相对应,如 User 类与数据库中的 tb_user 表对应。而业务类则与系统具体业务(需求)相关,理论上与 DAO 层无关,实际实现过程中,可能会调用 DAO 层的 API。

在工程设计中,为了使系统具有良好的扩展性和可维护性,往往对 service 层的业务类设计一个接口层,其原理与 DAO 层类似。例如,LoginManagent(登录管理),可以进行以下设计,其中接口为 LoginManagent,实现类为 LoginManagentImpl,示例代码如下:

```
public interface LoginManagemnt {
    public  boolean login(User u);
    其他方法;
```

```
}
public class LoginManagemntImpl implements LoginManagemnt{
    public  boolean login(User u){…}
    其他方法
    }
```

以上设计形式，在大工程背景下已成为常态，尤其是在 Spring 框架下更是如此。当然，这种设计形态存在类过多（类爆炸）等缺陷，对于小型项目或者原型开发就不必这样设计。为了简化问题，这里省去大部分接口设计，直接给出实现类，图 8-4 为参考的项目目录结构。

因此，登录管理的实际业务类设计如下：

```
package com.services;
import com.DAO.UserDAOImpl;
public class LoginManagement {
    public static boolean login(String userName,
    String pass){
    UserDAOImpl dao=new UserDAOImpl();
    if(dao. isExistence(userName,pass)){
    //可以根据项目需要写其他业务,如写日志记录等
        return true;
        }
    return false;
    }
}
```

```
2017Book
  src
    com.controller
    com.DAO
    com.entities
      Book.java
      Order.java
      User.java
    com.Filter
    com.services
      BookManagement.java
      Car.java
      LoginManagement.java
      OrderManagement.java
      UserManagement.java
```

图 8-4　参考的项目目录结构

说明：登录业务可以简单，例如只是简单的数据库访问；登录业务也可以复杂，需要根据不同项目的要求来决定，如不允许连续多次登录，登录后也可有后续业务，例如日志记录、由于非常规 IP 登录系统利用短信提醒合法业主等业务。

当业务层 DAO 层设计完成后，剩下的就是对登录相关的 Controller 进行修改了，如图 8-5 所示。

```
if(name.equals("123") && pass.equals("123")){
    returnString="ok";
    session.setAttribute("name", "ok");
    }
out.write(returnString);
```

(a) 主要代码重构前

```
if(LoginMangement.login(name,pass){
session.setAttribute("name", "ok");
    returnString="ok";}
    out.write(returnString);
```

(b) 代码重构后

图 8-5　登录代码重构

8.4.2　注册过程的代码重构

在第 5 章已经详细介绍了注册页面实现，现在对它进行基于数据库的代码重构，页面

register.html 保持不变，在这个页面中，有两个 Ajax 异步请求，一个用来判断用户名是否可用，另一个用来注册业务过程。重构过程中，首先对两个相关的 Servlet 进行重构；然后，对业务类 UserManagement 代码进行完善，由该类负责用户管理相关业务，例如注册、修改个人信息以及后台的用户管理业务等；最后，业务层的业务逻辑中要访问数据库，需要委托给 DAO 层的相关类。

1. 设计业务类 UserManagement

UserManagement 示例代码如下：

```
package com.services;
import java.util.List;
import com.DAO.UserDAOImpl;
import com.entities.User;
public class UserManagement {
    public static boolean add_User(User u){
        UserDAOImpl dao=new UserDAOImpl();
        return dao.addUser(u);
    }
    public static boolean isExistence(String userName){
        UserDAOImpl dao=new UserDAOImpl();
        return dao.isExistence(userName);
    }
    public static boolean   modify_User(User u){
        UserDAOImpl dao=new UserDAOImpl();
        return dao.updateUser(u);
    }
    public static User getUserInfoByUserName(String userName){
        UserDAOImpl dao=new UserDAOImpl();
        return dao.getUserByUserName(userName);
    }
    public boolean modify_UserByBatch(List<User>u){
        //读者可自行完成
        return true;
    }
    public boolean del_User(User u){
        //读者可自行完成
        return true;
    }
    public boolean del_UserByBatch(List<User>u){
        //读者可自行完成
        return true;
    }
}
```

2. 注册页面中的"用户名是否可用"业务

控制层(Servlet)：UserCheck 重构。

原代码的核心部分：

```
...
String name=request.getParameter("name");
if(name.equals("123"))
    out.write("err");
else out.write("ok");
...
```

重构后代码：

```
...
String name=request.getParameter("name");
if(UserManagement.isExistence(name))
    out.write("err");
    else out.write("ok");
...
```

3. 注册业务

控制层(Servlet)：Register 重构。

原代码的核心部分：

```
...
JSONObject obj=JSONObject.fromObject(regData);
User user=(User)JSONObject.toBean(obj, User.class);
out.write("ok");                                        //先进行简化处理
...
```

重构后代码：

```
...
JSONObject obj=JSONObject.fromObject(regData);
User user=(User)JSONObject.toBean(obj, User.class);
if(UserManagement.add_User(user))
    out.write("ok");
else out.write("error");
...
```

8.4.3 个人中心页面的设计与实现

在前面的介绍中，对个人中心页面进行了简化处理。本章中涉及数据库，有了个人信息后可以实现个人中心页面的设计。为了简化问题，个人中心的主要功能为：①显示登录用户的个人注册信息；②修改个人信息，包括密码及联系方式，但不能修改用户名；③对输入密码不作强度校验，对电话号也不作验证。

person. html 设计思路如下：

(1) 通过过滤器进行安全验证，非登录用户不能打开页面。

(2) 在页面加载之前，通过 Ajax，向后台获取登录用户的信息，并动态地显示在页面中。

(3) 完成个人信息后，单击保存(或提交)按钮，利用 Ajax 向后台提交信息，由后台完成对数据库的修改。

(4) 后台返回成功信息，页面自动关闭。

person. html 核心代码如下：

```
<!DOCTYPE html>
<html>
<head>
<title>person.html</title>
<meta http-equiv="content-type" content="text/html; charset=UTF-8">
<script src="resources/JS/jquery-2.1.1.js" ></script>
<script src="resources/JS/json2.js" ></script>
<script type="text/javascript">
varflag=false;                    //全局变量,以提交后检查之用,若没有填充的则为 false
varpass2,tell,user;
var formJson={};                                        //表单数据
$(function(){
    $.ajax({url:"PersonInfo",type:"post",datatype: "json",
        success:function(data){
            var jsonObj=JSON.parse(data);
            $("#user").val(jsonObj.userName);
            $("#pass1").val(jsonObj.password);
            $("#pass2").val(jsonObj.password);
            $("#tell").val(jsonObj.tell);
            formJson.userName=jsonObj.userName;        //用户名不变
            }
        });
$("#pass2").blur(function(){
    pass1=$("#pass1").val();
    pass2=$("#pass2").val();
    if(pass1==pass2){
        $("#s1")[0].innerHTML="确认密码正确";
            flag=true;
            formJson.password=pass2;
        }
        else{
```

```
            $("#s1")[0].innerHTML="密码不一致";
            flag=false;
            }
    });
$("#submit").click(function(e){
    if(flag==false)alert("密码不一致");                    //不提交
    else {
        formJson.tell=$("#tell").val();                    //获取修改后电话
            var userData=JSON.stringify(formJson);
            $.ajax({url:"ModPersonInfo",
                    type:"post",
                    data:{"userInfo":userData},
                    success:function(data){
                        if(data=="ok")$("#s2")[0].innerHTML="修改成功";
                        else $("#s2")[0].innerHTML="修改失败";
                        },
                    error:function(){  alert("异常!修改失败");}
                });
            }
        });
    });
  </script>
</head>
<body>
<h1 align="center">个人中心</h1>
<form action="" name="form"  method="post"  >
      <br>用户名:<input  type="text" value="" disabled id="user" />
      <br>密码:<input  type="password" value=""  id="pass1" />
      <br>确认密码:<input  type="password" value=""  id="pass2" /><span id="s1">
      </span>
      <br>联系电话:<input  type="text" value=""  id="tell" />
      <br><input type="button"  value="提交"  id="submit" />
      <input type="reset"  value="重置"  id="reset" />
      <br><span id="s2"></span>
      </form>
<a href="javascript:void(0)" onclick="window.close();">返回主页面</a>
</body>
  </html>
```

控制层(Servlet)PersonInfo 的核心代码如下：

```
…
HttpSession session=request.getSession();
String account=(String)session.getAttribute("name");
if(account==null)out.write("error");
```

```
else {
    User user=UserManagement.getUserInfoByUserName(account);
    JSONObject obj=JSONObject.fromObject(user    );
    out.write(obj.toString());
}
…
```

控制层(Servlet)ModPersonInfo 的核心代码如下：

```
…
String userData=request.getParameter("userInfo");
if(userData==null)userData="error";
JSONObject obj=JSONObject.fromObject(userData);
User user=(User)JSONObject.toBean(obj, User.class);
if(UserManagement.modify_User(user))
    out.write("ok");
else out.write("error");
…
```

8.5 本章小结

本章主要介绍了 DAO 层的设计以及 ORM 思想。经过几个业务过程的基于 DAO 层的代码重构,可以掌握软件工程中的分层设计的理论。分层设计的核心是：上层调用下层,各层专注自己的业务核心,互不干扰。这种设计层次分明,有利于维护和资源共享,通过这些案例的设计与实现,仔细体会 MVC 模式设计思想的精髓。

第 9 章 综合案例：网上书店

购物车、分页处理、文件上下载等是 Web 项目中的经典应用场景，本章以网上书店为案例，介绍这些经典应用场景的设计思想，并根据 MVC+DAO 层的技术方法，按照软件工程思路，给出参考的实现方案。

9.1 系统分析

9.1.1 需求功能

假设网上书店为 B2C 类型，分为前台客户购物和后台书籍维护管理两个界面，主要需求功能设计如表 9-1 所示。

表 9-1 网上书店主要需求功能设计

模　　块	功　　能	备　　注	完成情况
前台客户购物模块	注册、登录、个人中心	用户管理	前面章节已完成
	主页面、商品展示	—	本章完成
	购物车	结合订单管理	本章完成
后台书籍维护管理模块	录入新书	文件上传技术	本章完成
	库存管理	分页处理技术	本章完成
	其他	—	后续章节完成

9.1.2 主页面的设计与实现

随着前端技术的发展，现在的 Web 应用系统中，单页面（或少页面）系统越来越多，绝大部分的业务功能都集中在一个主页面内实现，这种设计风格接近于原先的桌面应用系统，相比于传统的多页面系统，用户体验大为改善。但是，事物总有两面性，如果单页面（主页面）是 HTML，且动态生成的数据或渲染的内容过多，若还是采用 Ajax 技术，则客户第一次请求主页面会产生延迟等不好的用户体验，极端情况下（如并发量大）甚至会产生无法渲染主页面的情况。为了解决这个问题，可以采取多种方案，如后台动态生成 HTML 方案，具体方案介绍如下。

1. JSP 技术方案

根据 JSP 的工件原理可知，当用户请求 JSP 页面时，首先执行动态的 Java 代码，最后将生成的 HTML 返回给客户端。这种方法的缺点是：①JSP 页面本身就存在缺点，即业务逻辑与界面不能分离；②请求时动态生成 HTML，存在实时性问题。

2. 后台渲染方案

后台渲染方案的基本思想：专门设计一个生成主页面的线程，用写文件的方法生成 HTML 文件，并且根据需求定时（每天固定一个时间点）执行，或者以事件触发（需要改变主页面所展示的书籍信息）执行，用户访问的主页面实际上是后台已渲染好的 HTML 文件，这种方案实现复杂，适合于实时性要求不是很高的系统，所以这种方案不适合网上书店案例。

3. 前端实时渲染方案

由于篇幅有限，本书主要介绍前端实时渲染的方案。这种方案的核心是：当页面在客户端加载时，通过 Ajax 从后台动态取回书籍信息，然后在客户端对 HTML 进行实时渲染。这种方法技术简单，完全实现了业务与界面的分离，但由于在客户端实时渲染，如果数据量过大，则存在用户体验不好等缺点。

关于主页面的布局、动态显示内容等不属于本节要介绍的内容。在本节中，只介绍网上书店中书籍的展示功能，它有两种形式：一种是单击选择某种书的类别（如计算机类）则网页显示该类书籍，这种形式实际上有一个提交过程；另一种形式是主页面加载前，向后台取数据后前台动态渲染，这种形式没有提交过程。本节讨论后一种形式的实现。

假设：主页面加载，默认显示计算机类图书，如图 9-1 所示。

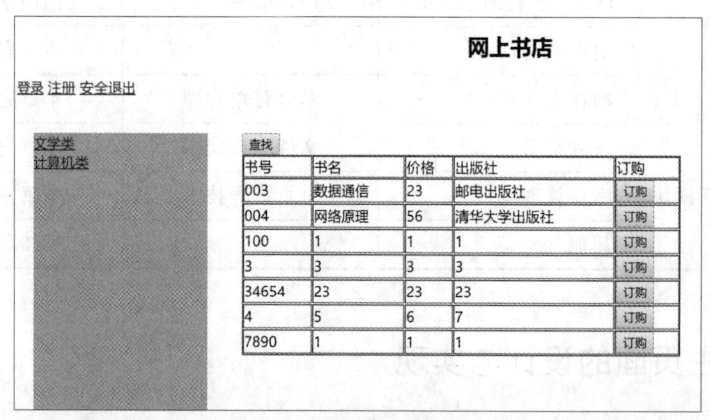

图 9-1 网上书店主页面

1）V 层设计与实现

V 层设计的核心就是动态表格，核心的 HTML 代码如下：

```
<html>
  <head>
…//Ajax 在页面加载之前执行
    $.ajax({
        url:"InitBookByType",
        type:"post",
        datatype: "json",
        success:function(data){
            var jsonObj=JSON.parse(data);
            for(var row in jsonObj){  //对于 JSON 数据中和每一个 JSON 对象
                //在指定表格中增加一行,并插入数据
                id=jsonObj[row].bookID;
                name=jsonObj[row].bookName;
                price=jsonObj[row].price;
                pub=jsonObj[row].publishing;
        $("#table").append("<tr><td>"+id+"</td><td>"+name+"</td><td>" +price
        +"</td><td>"+pub+"</td><td><input type=button value=订购  onclick=car
        ('"+id+"')/></td><tr>");
              //'"+id+"'作用:表达式 id 求值后,用单引号保持原字符串格式不变
              }
          },
      error:function(){  $("#ms")[0].innerHTML="系统出错" ; }
});
  </head>
…
<table id="table" width="500" border="1" cellspacing="1" >
<tr>
<td >书号</td><td >书名</td><td >价格</td><td >出版社</td><td >订购</td>
</tr>
</table>
…
```

2）控制层实现

Controller 的 InitBookByType 核心代码如下：

```
…
List<Book>list=BookManagement.queryBookByType(1);
//以上参数 1 表示计算机类
JSONArray test=JSONArray.fromObject(list);
out.write(test.toString());
…
```

3）业务层实现

实现业务层的参考代码如下：

```
public class BookManagement {
    //其他方法
public static List<Book>queryBookByType(int type){
        BookDAOImpl dao=new BookDAOImpl();
        return dao.getBookByType(type);
    }
```

4）DAO 层实现

实现 DAO 层的参考代码如下：

```
public  List<Book>getBookByType(int booktype){
    List<Book>list=new ArrayList<Book>();
    DBUtil dbutil=new DBUtilImpl();
    conn=dbutil.getConnection();
    if(conn==null)return list;        //没有获取连接
        String sql="SELECT * FROM tb_book where type=?";
        try {
            pst=conn.prepareStatement(sql);
            pst.setInt(1,booktype);
            rs=pst.executeQuery();   //结果集
            while(rs.next()){
                Book row=new Book(rs.getString("bookID"), rs.getString
                ("bookName"),rs.getInt("price"),rs.getString("publishing"),
                rs.getInt("storage"),rs.getInt("type"));
            list.add(row);
        }
    } catch(SQLException e){
        e.printStackTrace();
    } finally {
        dbutil.close(conn, pst, rs);
    }
    return list;
}
```

9.2 购物车的设计与实现

9.2.1 各种技术方案分析

在工程领域，对于同一问题场景，有多种解决方案，采用的技术也不一样。工程技术人员在决定技术方案时，技术的先进性并不是考量的重点，考查的重点在于工程性（可靠性、实用性）、经济性（成本）以及其他因素。购物车的实质是一个用户在多线程或多进程（指的是多页面)下，在会话期内的数据共享(商品数据)。当然每种解决方案各有其特点，需要结合具体需求来决定采用哪种方案。

1. 基于前端技术的方案

利用JS与浏览器Cookie技术来实现，它的基本思想是：所有购物信息保存在客户端浏览器的Cookie中，对购物车的增加、删除、修改及查询都在前端实现，当用户提交购买时，一次性地把数据发往后台，其模式完全类同于实体超市。

这种方案的特点如下：

(1) 在购物过程中，完全隔断与后台的通信，因此速度快，用户体验好，并且最大限度地减轻服务器的压力。

(2) 用户的购物过程(包括删除已选商品、反复修改已选商品)不能被有效记录，而这些信息对商家是很重要的。当然，要记录这些过程信息，也可以通过复杂技术手段来实现。

(3) 如果客户本次只选商品，而等到下次再结账时，这种方案是不支持的。这个缺点是这种方案最大的不足之处。

(4) 客户端由于各种异常(如断电)，购物车中的信息将很难恢复。

(5) 客户端Cookie禁用等原因，使得这种方案无法实现。

2. 基于Session技术的方案

这种技术方案与第一种技术方案类似，二者之间的最大差别是：Session方案是将购物车数据放在后台服务器的内存中，因此，它不存在由于客户端Cookie禁用等原因导致方案无法实施的情况；同时，由于购物信息放在服务器内存中，一方面购物过程需要与后台通信，另一方面加大了服务器的内存开销。这种方案的最大缺点也与第一种方案一样，不支持购物车信息的长期保存。

3. 基于数据库技术的方案

这种方案的基本思想是：把购物车信息保存于数据库，购物过程的每次操作(CRUD)都是对数据库的操作。

这种方案的特点如下：

(1) 购物过程中的每次操作都需要连接数据库，数据库压力大。

(2) 可简单地、完整地记录每个客户的购物过程，有了这些数据，可支持商家进行大数据分析。

(3) 这种方案最大的优点解决了前两种方案的最大缺点，即支持长期保存购物车信息。

本书介绍的是第三种方案，即基于数据库技术的方案。

为了说明问题，本书的购物车具有以下功能：①购物(放入购物车)；②修改购物车中某种商品数量；③删除购物车中某项商品，或者清空购物车(删除全部)；④结账，清空购物车(成为成功订单)。购物车界面如图9-2所示。

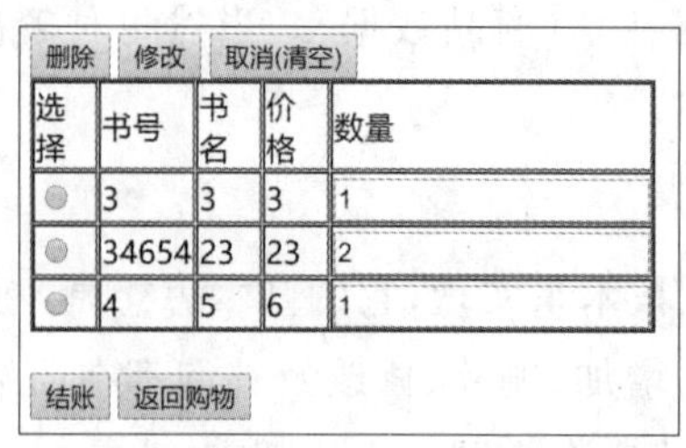

图 9-2　购物车界面

9.2.2　基于数据库的实现

1. 订单状态

为了简化问题，购物车的设计结合数据库的订单表进行，用户的购物过程信息（如删除商品等）都被保存在订单表中。具体方案是把用户的每项订单设计为以下 3 种状态。

(1)"0"状态：用户从购物车中删除商品。

(2)"1"状态：用户把商品放进购物车，或者修改购物车中的商品数量。

(3)"2"状态：用户将订单结账并结账成功。

订单表的字段设计在第 8 章已经介绍过，组成订单的关键的字段如下。

(1) 商品 ID：标识商品的唯一信息。本书商品 ID 为 bookID，是外键，与 book 表关联。

(2) 用户 ID：标识用户的唯一信息。本书用户 ID 为 userName，是外键，与用户表关联。

(3) 订单 ID：标识订单，是主关键字，本书为 ID。

(4) 订单状态：status，其值为 0、1、2。

(5) 其他字段：略。

2. OrderDAOImpl 类设计

基于数据库实现的核心还是 DAO 层和 Services 层的设计，对于 OrderDAOImpl 类，其主要方法就是对订单的 CRUD 操作，一些功能做了简化处理，其主要 API 简述如下。

1) public boolean addOrderItem(Order order);

这种方法比较容易理解，从前端传到后台是 JSON 格式数据，订单对象的装配可以在 Services 业务层，也可以在 Controller 层，需要注意的是，在 JSON 数据的 key/value 值对中，key 的取名必须与实体类 Order 的属性名一致。另外，假设不同时间、同一用户在购物车中放入同一种商品，那么这种情况只是商品数量的累加，不会产生新订单，这个业务由 Services 层的业务管理类 OrderManagement 的 addOrderItem()方法实现。

2) public boolean delOrderItem(String userName,String bookID);

对于订单表，由于相同用户、相同商品、同一种状态(1 状态)只有一条，删除只是把数据库订单表中原来的"1"改成"0"状态。

3) public boolean modOrderNum(Order order,int num);

当购物车作出修改商品数量时，最后调用该方法。

4) public boolean changeOrderStatus(String userName,int status);

当用户对购物车中的所有商品结账时，进行状态改变，状态从原来的“1”改成“2”；当用户取消购物车中的所有商品时，进行状态改变，状态从原来的“1”改成“0”。

5) public List<Order> getUserOderInfoByStatus(String userName,int status);

当前端用户晒购物车时，最后调用这种方法，也就是把状态为“1”的该用户的所有商品信息全部取出，并且装配成订单对象数组后返回。

以下是参考代码：

```
package com.DAO;
import java.sql.Connection;
import java.sql.PreparedStatement;
import java.sql.ResultSet;
import java.sql.SQLException;
import java.sql.Statement;
import java.util.ArrayList;
import java.util.List;
import com.entities.Order;
public class OrderDAOImpl {
    private Connection conn=null;
    private Statement st=null;
    private PreparedStatement pst=null;
    private ResultSet rs=null;
    public boolean addOrderItem(Order order){
        boolean flag=false;
        DBUtilImpl dbutil=new DBUtilImpl();
        conn=dbutil.getConnection();
        if(conn==null)return flag;   //没有获取连接
        String sql="insert into tb_order(bookID,bookName,price,num,userName,
        status)values(?,?,?,?,?,?)";
        try {
            pst=conn.prepareStatement(sql);
            pst.setString(1,order.getBookID());
            pst.setString(2,order.getBookName());
            pst.setInt(3,order.getPrice());
            pst.setInt(4,1);
            pst.setString(5,order.getUserName());
            pst.setInt(6,1);
            pst.executeUpdate();
            flag=true;
        } catch(SQLException e){
            e.printStackTrace();
```

```
        } finally {
            dbutil.close(conn, pst, rs);
        }
            return flag;
    }
    public int getBookNum(Order order){
                                //查询保存状态下相同订单的数量,若为 0 或 2,则无购物车内容
        DBUtilImpl dbutil=new DBUtilImpl();
        conn=dbutil.getConnection();
        int reInt=-1;
        if(conn==null)return reInt; //没有获取连接
        String sql="select num from tb_order where bookID=?and userName=?and
        'status'=?";
        try{
            pst=conn.prepareStatement(sql);
            pst.setString(1,order.getBookID());
            pst.setString(2,order.getUserName());
            pst.setInt(3, 1);
            rs=pst.executeQuery();
            if(!rs.next())reInt=0;   //不存在该订单
            else {reInt=rs.getInt("num");System.out.printf("num="+reInt);}
                                        //若存在,则返回其数量
        }catch(SQLException e){
            e.printStackTrace();
            //return -1;
        } finally {
            dbutil.close(conn, pst, rs);
        }
        return reInt;
    }
    //修改保存状态下订单的数量
    public boolean modOrderNum(Order order,int num){
        DBUtilImpl dbutil=new DBUtilImpl();
        conn=dbutil.getConnection();
        boolean flag=false;
        if(conn==null)return false; //没有获取连接
        String sql="update tb_order set num=?where bookID=?and userName=?and
        'status'=1 ";
        try{
            pst=conn.prepareStatement(sql);
            pst.setInt(1,num);
            pst.setString(2,order.getBookID());
            pst.setString(3,order.getUserName());
            pst.executeUpdate();
```

```
            flag=true;
        }catch(SQLException e){
            e.printStackTrace();
        } finally {
            dbutil.close(conn, pst, rs);
        }
        return flag;
    }
    public boolean changeOrderStatus(String userName,int status){
        //从保存状态到成功提交状态
        DBUtilImpl dbutil=new DBUtilImpl();
        conn=dbutil.getConnection();
        boolean flag=false;
        if(conn==null)return false; //没有获取连接
        String sql="update tb_order set 'status'=?where 'status'=1 and userName
        =?";
        try{
            pst=conn.prepareStatement(sql);
            pst.setInt(1,status);
            pst.setString(2,userName);
            pst.executeUpdate();
            flag=true;
        }catch(SQLException e){
            e.printStackTrace();
        } finally {
            dbutil.close(conn, pst, rs);
        }return flag;}
    public List<Order>getUserOderInfoByStatus(String userName,int status){
        DBUtilImpl dbutil=new DBUtilImpl();
        conn=dbutil.getConnection();
        List<Order>list=new ArrayList();
        if(conn==null)return list;  //没有获取连接
        String sql="select * from tb_order where userName=?and
'status'=?";
        try{
            pst=conn.prepareStatement(sql);
            pst.setString(1,userName);
            pst.setInt(2, status);
            rs=pst.executeQuery();
            while(rs.next()){
    Order order=new Order(rs.getString("bookID"),rs.getString("bookName"),
    rs.getInt("price"), rs.getInt("num"),rs.getString("userName"), rs.getInt
    ("status"));
                list.add(order);
```

```
        }
    }catch(SQLException e){
        e.printStackTrace();
        } finally {
            dbutil.close(conn, pst, rs);
        }
    return list;}
public boolean delOrderItem(String userName,String bookID){
    DBUtilImpl dbutil=new DBUtilImpl();
    conn=dbutil.getConnection();
    boolean flag=false;
    if(conn==null)return flag;        //没有获取连接
    String sql="update tb_order set 'status'=? where bookID=? and userName=? and
    'status'=1";
    try{
        pst=conn.prepareStatement(sql);
        pst.setInt(1,0);
        pst.setString(2,bookID);
        pst.setString(3,userName);
        pst.executeUpdate();
        flag=true;
    }catch(SQLException e){
        e.printStackTrace();
        flag=false;
    } finally {
        dbutil.close(conn, pst, rs);
    }
    return flag;}
}
```

3. 业务层 OrderManagement 类设计

对于 Services 层 OrderManagement 类的设计，主要是针对业务需求，为了说明问题这里对业务做了简化处理，如订单表无日期字段等。它的核心 API 设计如下。

1) public static boolean addOrderItem(String userName,String bookID)；

用户名 userName 从控制层的 Servlet 从 Session 中取得(登录后，系统在 Session 中写入用户信息)，bookID 从前端传入，业务流程如下：

(1) Order order＝createOrder(userName,bookID)；//该方法为内部方法。

(2) int num＝dao. getBookNum(order)；//查询该购物项(订单)在数据库的数量。

(3) 如果 num＝＝0，则调用 DAO 层的 addOrderItem(order)，且数量为 1。

(4) 否则，调用 DAO 层的 modOrderNum(order, num＋1)。

2) public static boolean delOrderItem(String userName,String bookID)；

删除指定项商品。

3）public static boolean payBill(String userName)；

清空购物车，买单。

4）public static boolean cancelOrder(String userName)；

清空购物车，全部取消。

以上几个 API 的实现相对简单，其实质是改变订单表中记录的状态，调用 DAO 层的方法为 changeOrderStatus(String userName,int status)。订单状态有 3 种：0 为取消；1 为保存；2 为交易成功。在具体操作过程中，删除购物项，状态由 1→0；选择全部取消，则订单表中的该用户的所有状态为 1 的订单状态均改为 0；放入购物车，状态为 1，修改订单数量也为 1，最后选择保存的状态为 1；最后选择结账的状态为 2。

以下是参考代码：

```
package com.services;
import java.util.List;
import com.DAO.OrderDAOImpl;
import com.entities.Book;
import com.entities.Order;
public class OrderManagement {
    public static Order createOrder(String userName,String bookID){
    //根据 bookID,取得该书籍的其他信息
    Book book=BookManagement.getBookByID(bookID);
    if(book==null)return null;
    return new Order(book.getBookID(),book.getBookName(),
        book.getPrice(),1,userName,1);                    //数量是 1,状态是 1
}
public static boolean addOrderItem(String userName,String bookID){
    //产生一个订单,数量是 1
    Order order=createOrder(userName,bookID);
    if(order==null){System.out.printf("err1");return false;}
    OrderDAOImpl dao=new OrderDAOImpl();
    int num=dao.getBookNum(order);
    if(num==-1){System.out.printf("err2");return false;} //意外原因}
    if(num==0){                                           //新订单操作
        if(dao.addOrderItem(order)){System.out.printf("err3"); return true;}
    }
    else {                                                //改变数量操作
        if(dao.modOrderNum(order, num+1)){System.out.printf("err4"); return true;}
    }
    return false;
}
//以下是用户购物操作
public static boolean delOrderItem(String userName,String bookID){
    OrderDAOImpl dao=new OrderDAOImpl();
```

```
        return dao.delOrderItem(userName, bookID);
    }
    public static boolean modOrderItem(String userName,String bookID,int num){
        Order order=createOrder(userName,bookID);
        OrderDAOImpl dao=new OrderDAOImpl();
        return dao.modOrderNum(order, num);
    }
    public static boolean payBill(String userName){
        OrderDAOImpl dao=new OrderDAOImpl();
        return dao.changeOrderStatus(userName,2);
    }
    public static boolean cancelOrder(String userName){
        OrderDAOImpl dao=new OrderDAOImpl();
        return dao.changeOrderStatus(userName,0);

    }
    //以下是与"个人中心"相关的操作
    public static List<Order>getUserOrderInfoByAll(String userName){
        return null;                                    //读者自行完成
    }
    public static List<Order>getUserOderInfoByStatus(String userName,int status){
        OrderDAOImpl dao=new OrderDAOImpl();
        List<Order>list=dao.getUserOderInfoByStatus(userName, 1);
        return list;
    }
    //以下是其他后台管理的订单操作,用户自己完成
    ...
}
```

4. 控制层设计

客户端页面的设计,其主要技术核心还是 Ajax 技术。在这个页面中,每个操作就是每个请求,利用 Ajax 技术,控制层收到前端数据后,交与业务层处理,并把处理结果返回页面。前端每个操作与控制层的 Servlet 对应表,参见表 9-2 购物车的控制层设计。

表 9-2 购物车的控制层设计

页面事件	发/回	Servlet	发/回	业 务 层
onLoad	发:无 回:JSON 数据	View_Car	发:userName,1 回:list<Order>	getUserOderInfoByStatus (userName, 1)
onclick= "del()"	发:bookID 回:是与否	DelOrder	发:用户名与书号 回:是与否	delOrderItem (userName, bookID)
onclick= "mod()"	发:bookID,num 回:是与否	ModOrder	发:用户名与书号和数量 回:是与否	modOrderItem (userName, bookID, num)

续表

页面事件	发/回	Servlet	发/回	业　务　层
onclick="cancel()"	发：无 回：是与否	CancelOrder	发：用户名 回：是与否	cancelOrder (userName)：将相应订单的状态改成 0
onclick="pay()"	发：无 回：是与否	PayBill	发：用户名 回：是与否	payBill(userName)：将相应订单的状态改成 2

控制层(Controller)的各个 Servlet 设计相对容易，对照表 9-2，读者可以自行设计完成，下面仅举一例说明。

以下是 DelOrder 的参考核心代码：

```
response.setContentType("text/html;  charset=utf-8");
PrintWriter out=response.getWriter();
HttpSession session=request.getSession();
String userName=(String)session.getAttribute("name");
String bookID=request.getParameter("goods");
if(bookID==null || userName==null){
    out.write("no");out.flush();out.close();
        return;
    }
    if(OrderManagement.delOrderItem(userName, bookID))
        out.write("ok");
    else out.write("no");
    out.flush();out.close();…
```

5. 页面设计

以下给出购物车 shoppingCar. html 的核心参考代码：

```
<html>
<head>
<title>car.html</title>
…
<script src="resources/JS/jquery-2.1.1.js" ></script>
<script src="resources/JS/json2.js" ></script>
<script type="text/javascript">
//加载页面前先与后台(View_Car)进行通信,从 Session 中取出数据并返回,生成动态表格数据
$(function(){
$.ajax({
    url:"View_Car",
    type:"post",
    datatype: "json",
    success:function(data){
        var jsonObj=JSON.parse(data);
        for(var row in jsonObj){                    //对于 JSON 数组中的每一个 JSON 对象
```

```
            //在指定表格中增加一行并插入数据
            $("#table").append("<tr><td><input type=radio value="+jsonObj[row].
            bookID+" name=book /></td><td>"
            +jsonObj[row].bookID+"</td><td>"
            +jsonObj[row].bookName+"</td><td>" +jsonObj[row].price+"</td><td>"
            +"<input type=text   value="+jsonObj[row].num+" name=num /></td>
            </tr>");
        }
      },
      error:function(){  alert("error");}
    });
    });
    </script>  </head>
  <body>
  <input type="button" id="del" onclick="del()" value="删除"/>
  <input type="button" id="mod" onclick="mod()" value="修改"/>
  <input type="button" id="cancel" onclick="cancel()" value="取消(清空)"/>
    <table id="table"  border="1" cellspacing="1" cellpadding="1">
    <tr>
      <td >选择</td>
      <td >书号</td>
      <td >书名</td>
      <td >价格</td>
      <td >数量</td>
  </tr>
  </table><br>
  <input type="button" id="pay" onclick="pay()" value="结账"/>
  <input type="button" id="save" onclick="window.close(); " value="返回购物"/>
  <span id="payInfo"></span>
  <script type="text/javascript">
  functioncancel(){
    $.ajax({
      url:"CancelOrder",
      type:"post",
      success:function(data){
          if(data=="ok"){
            window.close();                                          //关闭当前窗口
          }
          else
            $("#payInfo")[0].innerHTML="取消失败";
          },
      error:function(){  $("#payInfo")[0].innerHTML="系统出错"; }
  });
  }
```

```
function pay(){
  $.ajax({
    url:"PayBill",
    type:"post",
    success:function(data){
        if(data=="ok"){
            alert("支付成功");
            window.close();                                    //关闭当前窗口
        }
        else
            $("#payInfo")[0].innerHTML="支付失败";
        },
    error:function(){  $("#payInfo")[0].innerHTML="系统出错" ; }
});
}
function mod(){
//找到被选中的这一行中的文本框中的值
    vartr=$("input[name='book']:checked").parents("tr"); //选中的这一行
    if(tr.length==0){alert("没有选中一行");return;}
    varnumber=tr.find("input[type='text']").val();
if(isNaN(number)){
    alert("输入非法");
    return;
    }
//找到被选中的记录并记录其bookID;
varbookID=$(":radio:checked").val();
//启动Ajxa
$.ajax({
    url:"ModOrder",
    type:"post",
    data:{"bookID":bookID,"number":number},
    success:function(data){
        if(data=="ok")
            alert("修改成功!");
        else
            alert("修改失败!");
        },
    error:function(){  $("#ms")[0].innerHTML="系统出错" ; }
    });
}
function del(){
    var bookID=$(":radio:checked").val();                    //找到记录
    alert("yes--选中的值为:"+bookID);
    $.ajax({
```

```
        url:"DelOrder",
        type:"post",
        data:{"goods":bookID},
        //datatype: "json",                                    //无须回传数据
        success:function(data){
            if(data=="ok"){                          //删除选择的一条记录(界面上用 JQUERY)
            var n=$("input[name='book']:checked").parents("tr").index();
                $("#table").find("tr:eq("+n+")").remove();
                alert("成功!"+n+"行");
            }

            else
                alert("失败!");
            },
        error:function(){  $("#ms")[0].innerHTML="系统出错" ; }
        });
}
</script></body></html>
```

9.3 分页处理技术

9.3.1 各种技术方案分析

分页技术是 Web 项目的常用技术,其实现的方法很多,主要包括传统的分页方法及其改进方法以及基于数据库的分页方法。

第一种方法即传统的分页方法,它是将查询结果缓存在 HttpSession 或有状态的 Javabean 中,翻页时从缓存中取出一页数据进行显示。这种方法虽然翻页响应快(在内存中读数据),但也存在缺点:首先,用户可能看到的是过期数据(因为数据库是在不断更新中);其次,如果数据量非常大时,第一次查询(遍历结果集)会耗费很长时间,并且缓存的数据也会占用大量内存,因此效率明显下降。这种方法一般适用于数据规模不大而且并发量也不大的项目。

第二种方法是对上述方法的改进。其主要设计思想是:每次翻页都查询一次数据库,从结果集(ResultSet)中只取出一页数据。这种方法不存在占用大量内存的问题,但在某些数据库(如 Oracle)的 JDBC 实现中,每次查询几乎也需要遍历所有的记录。实验证明,在记录数很大时,这种方法的速度也非常慢。

第三种方法设计思想是:每次翻页的时候,只从数据库里检索出与页面大小一样的数据块。这样做,虽然每次翻页都需要查询数据库,但由于查询出的记录数很少,因此查询速度快。如果使用连接池技术,还可以略过最耗时的建立数据库的连接过程,而在数据库端已

有各种成熟的优化技术用于提高查询速度，因此，这种方法在上述 3 种方法中是最优的。本节只介绍这种方法的实现。

另外，分页还可以通过数据库的存储技术来实现，这种方法把分页过程的业务逻辑委托给具体数据库实现，因此其速度是最快的。但是，由于这种方法与具体的数据库相关，因此移植性差，可重用性也差。

在具体设计过程中，可以利用元数据库技术，设计出一个通用的分页工具。为了简化问题，下面以一张 tb_book 表(第 8 章已有说明)为例来介绍分页工具的设计。

9.3.2 基于数据库的设计与实现

在分页技术的实现中，无论采用何种方案，分页显示的核心数据都是即将被显示的页面数(页码)(pagenum)。在目前的单页面系统中，分页面展现的是局部刷新，利用 Ajax 技术实现。所以，pagenum 可以被设计为 JS 的页面全局变量。当用户输入页面数或单击“上一页”或“下一页”时，首先计算 pagenum 的值(计算过程需要验证，如是否超过总页面数等)，然后利用 Ajax 向后台发送 pagenum ，后台通过查询数据库，把 pagenum 页码的记录取出，生成 JSON 格式数据并发回前台，前台利用 JS 进行实时渲染，完成一次分页过程。

以网上书店后台管理系统的书籍管理为例，其分页显示功能如图 9-3 所示，除了总页面数外，其他常用功能基本齐全。

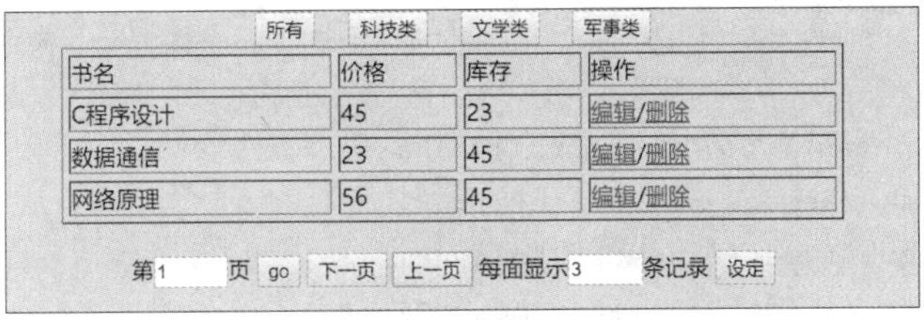

所有 科技类 文学类 军事类

书名	价格	库存	操作
C程序设计	45	23	编辑/删除
数据通信	23	45	编辑/删除
网络原理	56	45	编辑/删除

第1 页 go 下一页 上一页 每面显示3 条记录 设定

图 9-3　书籍管理的分页显示功能

按照上述的基本思路，下面给出各项功能实现的方法与途径。

1. 页面 JS 的全局变量及公共函数

```
var bookList={};                  //存放界面显示的书数组的 JSON 对象
var pagenum=1;                    //当前页面数；默认为 1
var pageSize=3;                   //每页显示 3 条记录，可设置
```

在分页工具中，无论是输入页码，还是单击“上一页”或“下一页”，都需要做两件事：①取得将要显示页码的记录数据(JSON 对象数组)；②将记录数据显示在界面上。因此，设计两个公共函数为 3 个业务功能所用。

```
$.getBookList=function(){
    $.ajax({
```

```
            url:"servlet/BookList",              //得到图书的列表
            type:"post",
            data:{"pagenum":pagenum,"pageSize":pageSize},
            datatype: "json",
            success:function(data){
                bookList=JSON.parse(data);
                }
            });
        }
    $.displayBook=function(){                            //显示书籍
        $("#table tr").eq(0).nextAll().remove();  //除第0行外,其他行全部删除
        for(var i in bookList){
            $("#table").append("<tr><td>"+bookList[i].bookName+"</td><td>"+
           bookList[i].price+"</td><td>"+bookList[i].storage
            +"</td><td><a href='javascript:void(0);' onclick='$.edit("+i
            +")'>编辑</a>/<a href='javascript:void(0);' onclick='$.del("+i+")'>删除
            </a></td>");
            }
        }
```

控制层 servlet/BookList 的设计并不困难,获得页码数和每页记录数后,调用 DAO 层的 List<Book> getBooksByPagenum(pagenum, pageSize)方法后,转换成 JSON 数据并发回前台,其核心代码如下:

```
...
response.setContentType("text/html;  charset=utf-8");
PrintWriter out=response.getWriter();
String num=request.getParameter("pagenum");
String size=request.getParameter("pageSize");
BookDAOImpl dao=new BookDAOImpl();
List<Book>list=dao.getBooksByPagenum(pagenum, pageSize);
JSONArray json=JSONArray.fromObject(list);
out.write(json.toString());
...
```

设计 DAO 层 BookDAOImpl 的 getBooksByPagenum(pagenum, pageSize)方法时,需要注意的是:不同数据库对于取指定页面记录的 SQL 语句是有差异的。下面以 MySQL 为例进行说明,如下所示:

```
sql=select * from tablename limit m,n
```

其中,m 是指记录开始的 index,从 0 开始,m 为 0 表示第 1 条记录;n 是指从第 m+1 条开始取 n 条记录。例如,limit 2,4,表示取出第 3 条至第 6 条,即取 4 条记录。例如,limit 5,相当于 limit 0,5。

当取出相应记录后，需要组装成 List<Book>返回。DAO 层的参考代码如下：

```
package com.DAO;
import java.sql.Connection;
import java.sql.PreparedStatement;
import java.sql.ResultSet;
import java.sql.SQLException;
import java.sql.Statement;
import java.util.ArrayList;
import java.util.List;
import com.entities.Book;
public class BookDAOImpl {
private Connection conn=null;
private Statement st=null;
private PreparedStatement pst=null;
private ResultSet rs=null;
public boolean updateBook(Book b){…}
//用户代码,其他 API,针对后台图书管理,读者可以自行完成
public List<Book>getBooksByPagenum(int pagenum,int pageSize){
    List<Book>list=new ArrayList<Book>();
    DBUtil dbutil=new DBUtilImpl();
    conn=dbutil.getConnection();
    if(conn==null)return list;                  //没有获取连接
    String sql="select * from tb_book limit ?, ?";
    try {
        pst=conn.prepareStatement(sql);
        pst.setInt(1,(pagenum-1)*pageSize);
        pst.setInt(2, pageSize);
        rs=pst.executeQuery();                  //结果集
        while(rs.next()){
            Book row=new Book(rs.getString("bookID"),rs.getString("bookName"),rs.
            getInt("price"),rs.getString("publishing"),rs.getInt("storage"),rs.
            getInt("type"));
                list.add(row);
            }
        } catch(SQLException e){
            System.out.println("wcb");
            e.printStackTrace();
        } finally {
            DBConnection.close(conn, st, rs);
            }
        return list;
        }}
```

2. 初始页面显示

在页面没有加载之前，执行以下语句即可实现初始页面显示：

```
$.getBookList();
$.displayBook();
```

3. 第1 页 go 功能实现

执行以下代码可实现该功能：

```
$.go =function(){
    //修改 pagenum 的值
    var numStr=$("#pagenum").val();                  //获取文本框中的值
    if(isNaN(numStr)){                               //若文本框中输入的是字母
        $("#pagenum").val("1");
        pagenum=1;
        }
    else pagenum=parseInt(numStr);                   //修改当前的页面值
    $.getBookList();
    $.displayBook();
    }
```

4. 下一页 上一页 功能实现

执行以下代码可实现该功能：

```
$.next=function(){
    pagenum=pagenum+1;
    $("#pagenum").val(pagenum);
    $.getBookList();
    $.displayBook();
    }
$.previous=function(){
    pagenum=pagenum-1;
    if(pagenum<1)pagenum=1;                          //如果小于 1,则为 1
    $("#pagenum").val(pagenum);
    $.getBookList();
    $.displayBook();
    }
```

5. 每面显示3 条记录 设定 功能实现

执行以下代码可实现该功能：

```
$.setPageSize=function(){
    var str=$("#pagesize").val();                    //获取值
    if(isNaN(str)){                                  //若输入的不是数字,则需要进行处理
        $("#pagesize").val("3");
        str="3";
    }
```

```
    pageSize=parseInt(str);
    //规定页面为 1~100
    if(pageSize<1)pageSize=1;
    if(pageSize>100)pageSize=100;
    }
```

前端 HTML 相对简单，以下给出参考核心代码：

```
...
</div>
    <table id="table" width="70%" cellspacing="5px" border="1">
        <tr><td>书名</td><td>价格</td><td>库存</td><td>操作</td></tr>
    </table><br>
    <div id="page" style=" background: #d4dedf; visibility:visible;" align="center">
    第<input type="text" value="1" size=3 id="pagenum">页
    <input type="button"  value="go" onclick="$.go()">
    <input type="button" value="下一页" onclick="$.next()">
    <input type="button" value="上一页" onclick="$.previous()">
每面显示<input type="text" value="3" size=3 id="pagesize">条记录
    <input type="button" value="设定" onclick="$.setPageSize()">
    </div>
</div>
...
```

9.4 文件上传下载技术

文件上传与下载是项目中经常用到的功能，关于 Java 文件读写的基本方法以及所用到的类(包括 File、FileInputStream 等)相关知识，读者可以参考相关资料。

9.4.1 上传下载的基本原理

1. 文件上传

文件上传的路径是从客户端到服务器再到服务器硬盘，因此文件上传是文件输入到输出的过程。在这个过程中，输入流是可以从内置对象 request 的 getInputStream()方法获得，输出流则采用文件输出流技术，文件的读写过程一般是字节流。例如，把位于客户桌面的 A. txt 上传到服务器上指定目录下文件名为 B. txt，则该文件上传过程可由图 9-4 所示。

图 9-4 文件上传过程

HTML 提供 File 类型的表单，File 类型的表单可以让用户选择要上传的文件。File 类型表单的格式如下：

```
<FORM action="接受上传文件的页面" method="post"  enctype=" multipart/form-data"
   <Input type="File"  name="参数名字"  >
</FORM>
load.jsp
<%@page contentType="text/html;charset=GB2312" %>
<HTML>
<BODY>
   <P>选择要上传的文件:<BR>
   <FORM action="accept.jsp" method="post" ENCTYPE="multipart/form-data">
      <INPUT type=FILE name="boy" size="38">
      <BR>
      <INPUT type="submit" name ="g" value="提交">
</BODY>
</HTML>
```

下面例子中，在 accept.jsp 页面，首先通过 request 得到相关信息（如上传文件名等），并用 request 的 getInputStream()方法建立一个从客户端指定文件到服务器的输入流 in；然后用 FileOutputStream 创建一个从服务器内存到硬盘的输出流 o。输入流 in 读取客户上传的信息，输出流 o 将输入流读取的信息写入 B.txt，该文件存储在 E:\apache-tomcat-6.0.16\webapps\filetest 中（注意：\在程序中要用转义字符\\表示）。需要注意的是，实际文件内容在文件 B.txt 第 4 行结束至倒数第 6 行结束位置，而前 4 行和后面的 5 行则是客户端的相关信息（上传的文件名等）。在 accept1.jsp 中将这部分内容去掉。

```
accept.jsp
<%@page contentType="text/html;charset=GB2312" %>
<%@page import ="java.io.* " %>
<HTML>
<BODY>
<%
   try{
      InputStream in=request.getInputStream();
      File f=new File("E:\\apache-tomcat-6.0.16\\webapps\\filetest","B.txt");
      FileOutputStream o=new FileOutputStream(f);
      byte b[]=new byte[1000];
      int n;
      while((n=in.read(b))!=-1)
      {
         o.write(b,0,n);
      }
```

```
        o.close();
        in.close();
    }catch(IOException ee){}
    out.print("文件已上传");
    %>
</BODY>
</HTML>
```

假设用户提交在桌面的 A.txt,其内容为：

```
123456789
fhthjgj
```

则文件上传后,B.txt 的内容如下所示：

```
1. -----------------------------7da2bf5a0172
2. Content-Disposition: form-data; name="boy"; filename="C:\Documents and
   Settings\Administrator\桌面\A.txt"
3. Content-Type: text/plain
4.
5. 123456789
6. fhthjgj
7. -----------------------------7da2bf5a0172
8. Content-Disposition: form-data; name="g"
9.
10. 提交
11. -----------------------------7da2bf5a0172—
```

显然,第 5、6 行为上传文件的内容(黑体部分)。因此,上传的文件必须经过再处理后才能保存到服务器中,再处理的方式读者可以自行实现。

2. 文件下载

JSP 内置对象 response 调用方法 getOutputStream()可以获取一个指向客户的输出流,服务器将文件写入这个流,客户就可以下载该文件了。当 JSP 页面提供下载功能时,应当使用 response 对象向客户发送 HTTP 头信息,说明文件是 MIME 类型,这样客户的浏览器就会调用相应的外部程序打开下载的文件。

```
down.jsp
<%@page contentType="text/html;charset=GB2312" %>
<HTML>
<BODY>
<P>单击超链接下载文档 book.txt
 <BR>  <A href="downloadFile.jsp">下载 book.txt
</Body>
</HTML>
```

```
downloadFile.jsp
<%@page contentType="text/html;charset=GB2312" %>
<%@page import="java.io.*" %>
<HTML>
<BODY>
<%//获得响应客户的输出流
  OutputStream o=response.getOutputStream();
  //输出文件用的字节数组,每次发送 500B 到输出流
  byte b[]=new byte[500];
  //下载的文件
  File fileLoad=new File("E:\\apache-tomcat-6.0.16\\webapps\\filetest","book.
  txt");
  //客户使用保存文件的对话框
  response.setHeader("Content-disposition","attachment;filename="+"book.txt");
  //通知客户文件是 MIME 类型
   response.setContentType("text/html");
  //通知客户文件的长度
   long fileLength=fileLoad.length();
   String length=String.valueOf(fileLength);
   response.setHeader("Content_Length",length);
  //读取文件 book.txt,并发送给客户下载
  FileInputStream in=new FileInputStream(fileLoad);
  int n=0;
  while((n=in.read(b))!=-1)
  {
   o.write(b,0,n);
  }
%>
</BODY>
</HTML>
```

9.4.2 jspSmartupload 组件介绍

Smartupload 是由 www.jspsmart.com 网站开发的一个可以免费使用的文件上传和下载组件，适于嵌入执行上传和下载操作，其特点如下：

(1) 使用简单。

(2) 能全程控制上传。

(3) 能对上传的文件在大小、类型等方面做出限制。

(4) 能将文件上传到数据库中，也能将数据库中的数据下载下来。这种功能针对的是 MySQL 数据库。

下面介绍 Smartupload 的 API。

(1) File 类：包装了一个上传文件的所有信息，提供的 API(可以查相关资料)可以得到上传文件的文件名、文件大小、扩展名、文件数据等信息，以下是其主要的 API。

getFileName()：获取文件的文件名，该文件名不包含目录。

getFilePathName()：获取文件的文件全名，一个包含目录的完整文件名。

getFileExt()获取文件的扩展名即后缀名，不包含实心句点“.”符号。

saveAs("/file/myfile.txt",1)：保存到服务器上的路径及文件名，若第二个参数为 1，则以工程目录为相对路径，假设工程名为 test，则以上例子说明文件保存为 test/ file/ myfile.txt。

(2) Files 类：表示所有上传文件的集合，通过它可以得到上传文件的数目、大小等信息。下面是其主要的 API。

public int getCount()：取得上传文件的数目。

public File getFile(int index)：取得指定位移处的文件对象 File。

public long getSize()：取得上传文件的总长度，可用于限制一次性上传的数据量。

(3) Request 类：功能等同于 JSP 内置的 request 对象。

(4) SmartUploadException 类：上传和下载异常处理类。

(5) SmartUpload 类：完成上传和下载工作，以上传为例，其主要的 API 如下。

public final void initialize (javax.servlet.jsp.PageContext pageContext)：其中 pageContext 为 JSP 页面内置对象(页面上下文)。在 Servlet 中，获取 pageContext，则必须用以下方法：

```
JspFactory fac=JspFactory.getDefaultFactory();
PageContext pageContext = fac.getPageContext (this, request, response, null,
false,JspWriter.DEFAULT_BUFFER, true);
```

该方法是文件上传和下载的第一步。

public void upload()：该方法是处理文件上的第二步。文件上传后，可用以下方法，得到文件列表、request 等对象。

public Files getFiles()：得到文件列表对象。

public Request getRequest()：得到 request 对象。

也可以设置与上传文件相关的参数，如文件类型、大小及数量等，说明以下。

public void setAllowedFilesList(String allowedFilesList)：其中参数 allowedFilesList 为允许上传的文件扩展名列表，各个扩展名之间以逗号分隔。

public void setMaxFileSize(long maxFileSize)：其中 maxFileSize 为每个文件允许上传的最大长度，当文件超出此长度时将不被上传。

public void setTotalMaxFileSize(long totalMaxFileSize)：设定允许上传文件的总长度，用于限制一次性上传的数据量。

9.4.3 新书封面图片上传

1. 功能说明

每次只上传一张封面图片，保存在服务器的图片名字不可以重复，前端页面提交为异步方式，图 9-5 为新书录入界面。

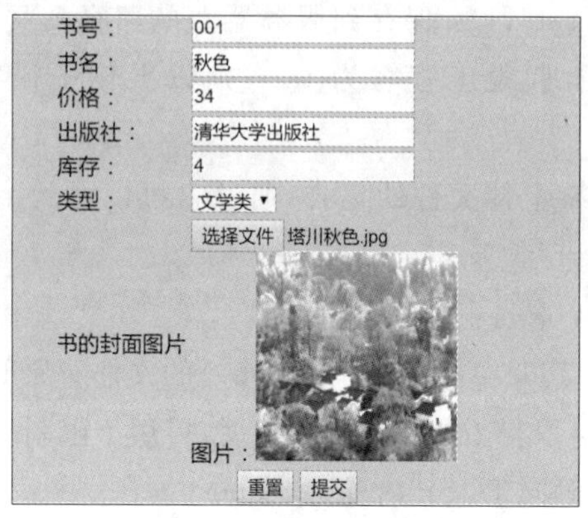

图 9-5　新书录入界面

2. 文件上传 UploadFile

在项目开始前，从官方网站下载 upload_bill. jar 并复制到 WEB-INF/lib 目录下。在 MVC 模式下，前端上传请求由后台处理，为了简化问题，上传的事务处理在控制层处理，该 Servlet 为 uploadFile，其核心代码如下：

```
response.setContentType("text/html;  charset=utf-8");
PrintWriter out=response.getWriter();
    /*第一个参数是传递一个 Servlet,在 Servlet 中传递 this 即可;
    第二个和第三个参数是 request 与 response,这里不作说明;
    第四个参数是发生错误后的 url 路径地址,如果没有可以输入 null;
    第五个参数是是否需要 session,这里可以写入 true;
    第六个参数是缓存大小,可以自行设置(如 8×1024),也可用默认的缓存大小(以下采用);
    第七个参数是是否需要刷新,输入 ture;*/
    JspFactory fac=JspFactory.getDefaultFactory();
    PageContext pageContext= fac.getPageContext (this, request, response, null,
    false,JspWriter.DEFAULT_BUFFER, true);              //网页的上下文对象
    try{
        SmartUpload smart=new SmartUpload();
        smart.initialize(pageContext);                  //初始化
        smart.upload();                                 //上传
        File file=smart.getFiles().getFile(0);          //上传的第一个文件
        String filename=file.getFileName();             //文件名
```

```
        String exname=filename.substring(filename.lastIndexOf(".")+1);
                                                //扩展名
        Date date=new Date();                   //用时间戳来重新命名,以防止文件名重名
    String temp=date.toString().replaceAll("[^a-z^A-Z^0-9]", "");
                                                //把时间中的空格与冒号去掉
        String savefileName="./pic/"+temp+"."+exname;
        //把文件保存到同目录的 pic 文件夹中
        file.saveAs(savefileName,1);
        //把文件保存到同目录的 pic 文件夹中
        smart.save("/pic/");                    //这种方法是保持上传文件名不变的保存方法
        out.write(savefileName);
        out.close();
}
catch(Exception e){}
}
```

3. 前端页面及 Ajax 实现

由于文件上传在 JSP 页面中往往是同步提交的，且一般的 Ajax 不支持文件上传的异步提交。为了实现异步提交，前端页面还必须引入 Jquery 插件 ajaxfileupload.js。在这个插件中，最主要的方法是 $.ajaxFileUpload()，如下所示：

```
$.ajaxFileUpload([options])
```

options 参数说明如下。

url：上传处理程序地址。

type：这个参数要设置成 post。

fileElementId：上传文件域的 ID，即<input type="file">的 ID。

secureuri：是否启用安全提交，默认为 false。

dataType：服务器返回的数据类型，可以为 XML、SCRIPT、JSON 和 HTML 类型。

success()：提交成功后自动执行的处理函数。

error()：提交失败后自动执行的处理函数。

以下是执行上传的 js 函数：

```
function ajaxFileUpload(){
//下面两行代码是先拿到 ID 为 myUpload 的文件的文件名,file 控件的 values 值是一个伪路径,
  file 控件+脚本从来就无法直接操作文件
var filename=$("#myUpload").val();
filename=filename.substring(filename.lastIndexOf("\\")+1);
//下面是取得文件的扩展名,如果扩展名不是图片扩展名,则不运行 Ajax 上传代码,直接到下面的
  else 中弹窗
exname=filename.substring(filename.lastIndexOf(".")+1);
if(exname.indexOf("png")!=-1||exname.indexOf("jpg")!=-1||exname.indexOf
("gif")!=-1||exname.indexOf("bmp")!=-1||exname.indexOf("jpeg")!=-1){
```

```
    $.ajaxFileUpload({
        url:"servlet/UploadFile",
        secureuri:false,
        fileElementId:"myUpload",           //指明传递的文件是 ID 为 myUpload 的文件
        dataType: "text",
        success: function (data){
            //如果成功,则设置 ID 为 pic 的图片的 src,这样 pic 就能成功显示
                $("#pic").attr("src",data);},
            error: function (data){alert("error");}
        });
    }
    else{alert("必须是图片!");}
    return false;
}
```

4. 前端 HTML 页面的核心代码

前端 HTML 页面的核心代码如下：

```
…
<script src="JS/jquery-2.1.1.js" ></script>
<script src="JS/json2.js" ></script>
<script src="JS/ajaxfileupload.js"></script>
…
<divid="addNewBook"style="position:absolute;visibility:hidden;width: 800px;
height: 800px; margin: auto; background: #d4dedf;" align="center">
    <form >
    <table>
        <tr><td>书号:</td><td><input type="text" id="bookID"></td>
        </tr>
        <tr><td>书名:</td><td><input type="text" id="bookName"></td>
        </tr>
        <tr><td>价格:</td><td><input type="text" id="price"></td>
        </tr>
        <tr><td>出版社:</td><td><input type="text"id="publishing"></td>
        </tr>
        <tr><td>库存:</td><td><input type="text" id="num"></td>
        </tr>
        <tr><td>类型:</td>
            <td><select id="type">
                <option value="1">科技类</option>
                <option value="2">文学类</option>
                <option value="3">军事类</option>
                </select></td>
        </tr>
```

```
        <tr><td>书的封面图片</td>
            <td><form name="form" action="" method="POST" enctype="multipart/
            form-data"><input id="myUpload" type="file" name="myUpload"
            onchange="ajaxFileUpload()">
            <!--这个ID为pic的控件,用来显示上传的图片 -->
    <br>图片:<img id="pic" src="" style="width: 150px; height: 150px"/>
            </form></td>
        </tr></table>
<button type="reset" >重置</button>
<button type="button" id="submit" >提交</button>
</form>  </div>
```

9.5 本章小结

在工程领域,对于同一问题场景有多种解决方案,采用的技术也不一样。工程技术人员在决定具体技术方案时,技术的先进性并不是考量的重点,考查的重点在于工程性(可靠、实用)、经济性(成本)以及其他方面。通过本章的学习,掌握利用工程方法解决具体的工程问题。

第 10 章　SSH 框架技术

本章主要介绍 Spring、Spring MVC 和 Hibernate 框架的基本概念、工作原理和相关示例。首先介绍基于 IntelliJ IDEA 开发环境的 Web 项目搭建过程；然后着重介绍 Spring 框架的核心功能模块，以及依赖注入和面向切面编程两个核心技术，并且介绍与之相关的 POJO 类与注解等概念；最后介绍 Spring MVC 与 Hibernate 持久层框架，为第 11 章实现控制层、业务逻辑层、数据持久层整合奠定理论基础。

10.1 开发环境搭建

本节介绍如何在 Windows 操作系统上搭建开发环境，以开始基于 SSH 框架的 Java 程序的开发。首先需要安装 JDK、Tomcat、IntelliJ IDEA 和 Maven 4 个工具软件。

10.1.1 JDK 和 Tomcat 安装

从 Oracle 公司官方网站的 Java 网站下载最新版本的 JDK，因为 JDK 9.0 相对于 JDK 1.8 有较大的变化，为了保证开发工具的一致性和连贯性，本章仍使用 JDK 1.8 作为示例程序的开发环境。在安装过程中，推荐采用自定义的方式将 JDK 和 JRE 分别安装在指定位置的文件夹中。

安装完成后在命令行终端可使用 java-version 命令查看 JDK 的版本信息，如果安装成功，则输出信息如图 10-1 所示。因为采用 IntelliJ IDEA 作为集成开发环境，所以无须在此步骤设置 Java 环境变量，只须在接下来的 IntelliJ IDEA 中进行配置即可。

从官网下载 Tomcat 服务器，本书使用 Tomcat 9.0，建议下载免安装的压缩包版本，下载时注意选择对应的操作系统版本为 32 位或 64 位，如图 10-2 所示。下载完成后解压缩到指定位置的文件夹中，接下来在 IntelliJ IDEA 中进行整合。

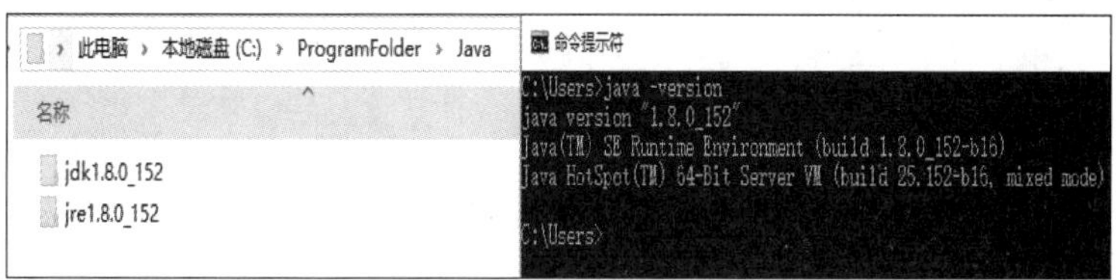

图 10-1　JDK 安装路径及版本显示

图 10-2　Tomcat 9.0.2（beta）版下载及安装

10.1.2　IntelliJ IDEA 集成开发环境

IDEA 全称 IntelliJ IDEA，是 Java 语言的集成开发环境，在智能代码助手、代码自动提示、重构、Java EE 支持、各类版本工具(如 SVN、GitHub 等)、JUnit、代码分析和 GUI 设计等方面功能十分强大，被越来越多的程序员所使用。IntelliJ IDEA 集成开发环境界面如图 10-3 所示。对于以教育为目的的用户，可以到网站 https://www.jetbrains.com/zh/student/通过教育网的邮箱申请免费账号。

图 10-3　IntelliJ IDEA 集成开发环境

10.1.3 Maven 安装

Maven 是一个包含了项目对象模型(Project Object Model, POM)的软件项目管理工具,可以通过配置描述信息来管理项目的构建、报告和文档。该工具可以帮助程序员从烦琐的工作中解放出来,进行工程构建、Jar 包管理、代码编译,自动运行单元测试、打包、生成报表,甚至还能部署项目、生成 Web 站点。

可以从 Maven 项目的官方网站地址下载最新的 Maven 版本,解压缩到指定文件夹,并且创建一个 Maven 仓库文件夹 maven-warehouse,统一管理项目所需的资源文件。进入 Maven 解压缩文件夹的 conf 目录内,编辑 settings. xml 配置文件,修改本地仓库的路径。Maven 安装示意图如图 10-4 所示。

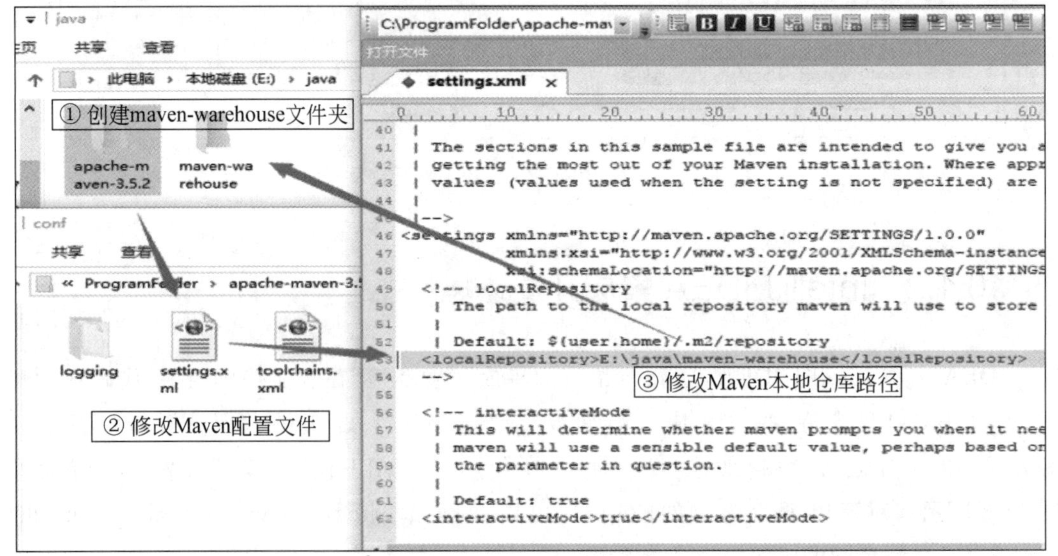

图 10-4　Maven 安装示意图

在 IDEA 开发环境中配置 Maven 工具如图 10-5 所示,分别配置 Maven 工具所在的文件夹和 Maven 配置文件所在的路径,IDEA 会根据配置文件信息自动检测到修改过的本地仓库路径。

10.1.4 创建基于 Maven 的 Web 项目

创建一个 Maven 项目,如图 10-6 所示,选择 Maven 项目、对应的 SDK 版本以及正确的模板类型。

填写项目的 GroupId 和 ArtifactId,这两者可以保证项目的唯一性。其中,GroupId 是项目组织唯一的标识符,实际对应 Java 项目包的结构,是 main 目录里 Java 的目录结构;

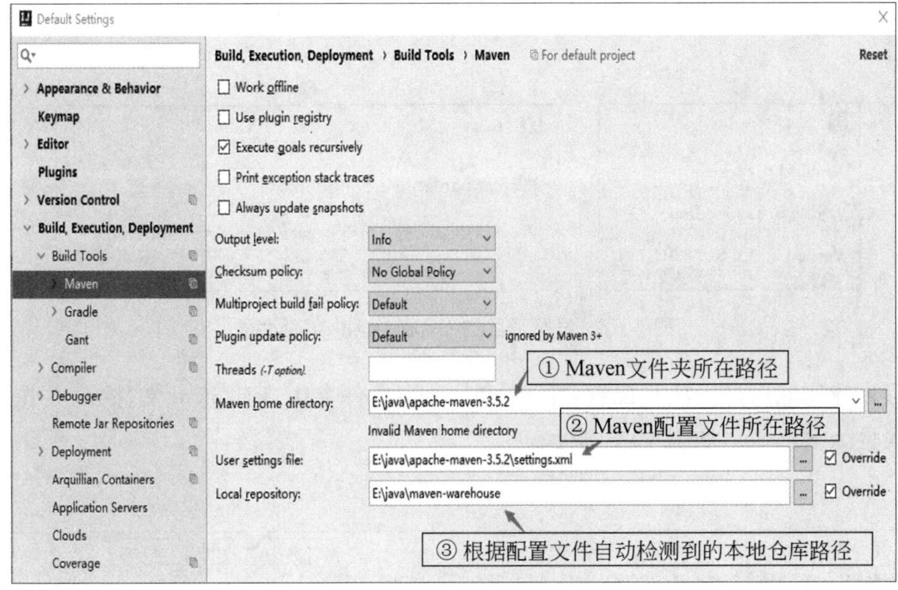

图 10-5　在 IDEA 开发环境中配置 Maven 工具

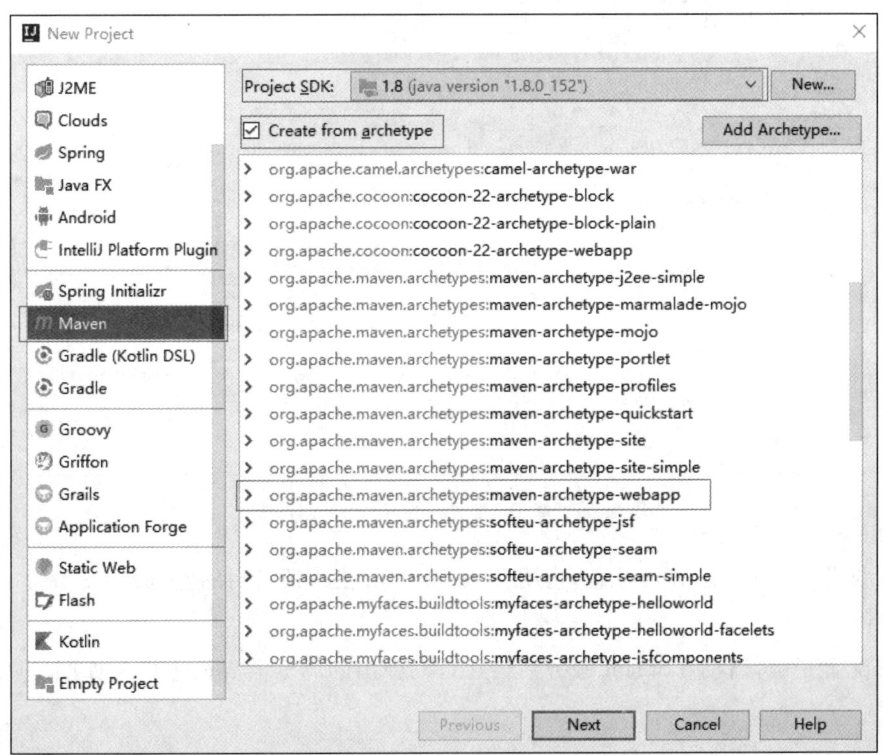

图 10-6　创建一个 Maven 项目

ArtifactId 是项目唯一的标识符，实际对应项目的名称，就是项目根目录的名称，详细信息如图 10-7 所示。

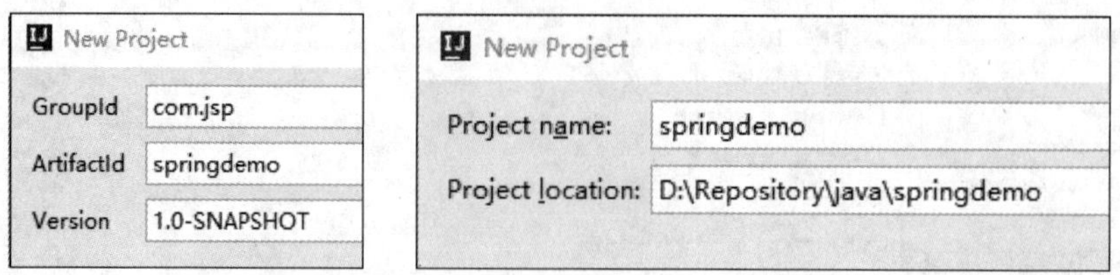

图 10-7 设置项目的 GroupId 和 ArtifactId

项目创建完成后进行项目配置，在 src 的 main 文件夹中新建 java 文件夹，并设置该文件夹的属性为 Sources，如图 10-8 所示。

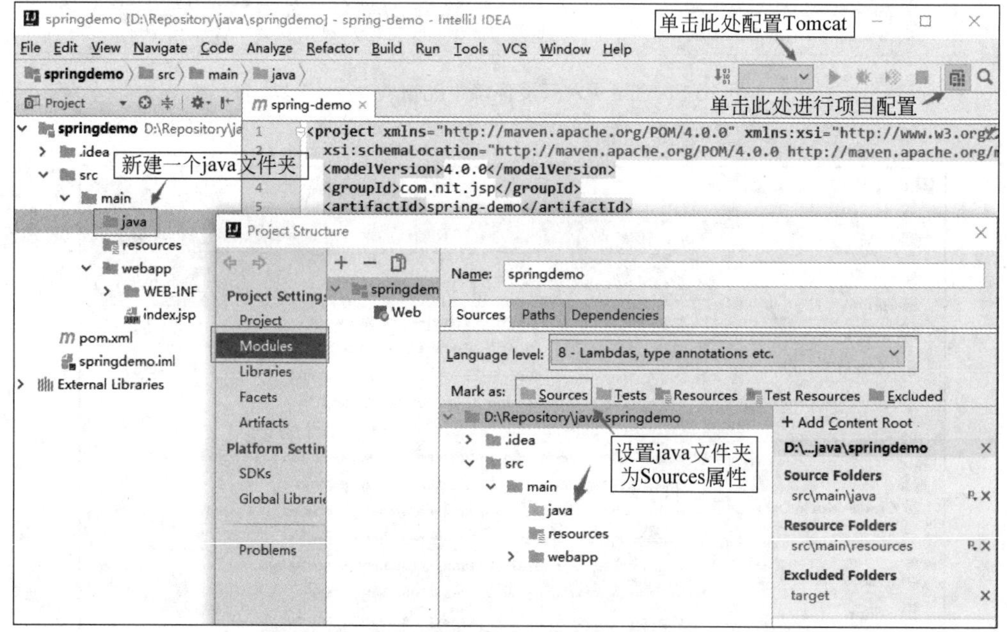

图 10-8 基于 Maven 的 Web 项目设置

最后设置 Tomcat 服务器信息，指明 Tomcat 的所在路径，选择合适的 JRE 版本信息，如图 10-9 所示。

如果配置正确，启动 Tomcat 服务后会在自动弹出的浏览器界面中出现如图 10-10 所示的信息。

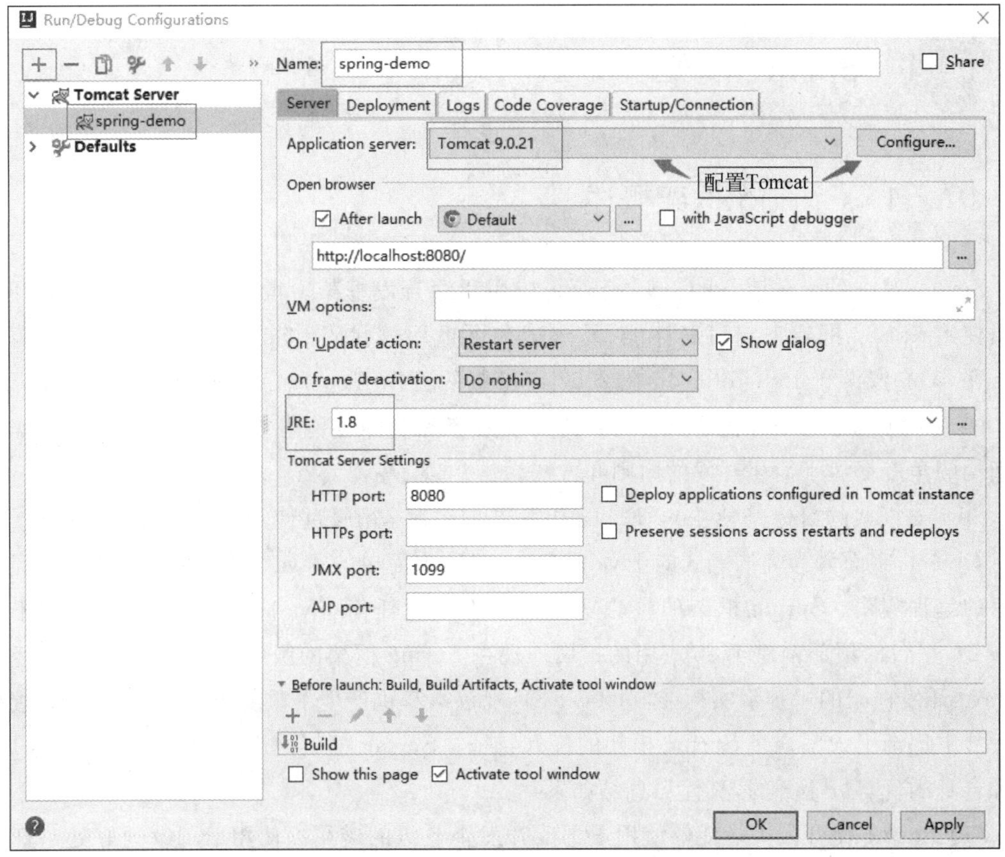

图 10-9　Web 项目中配置 Tomcat

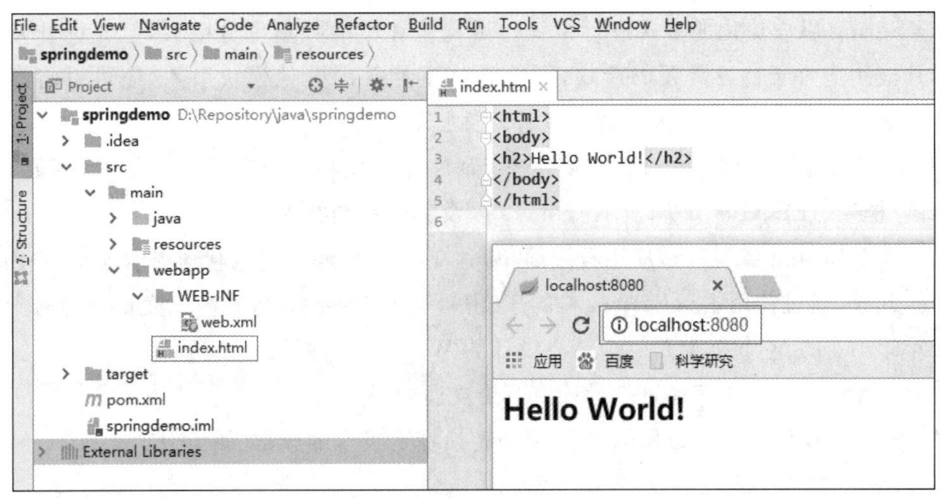

图 10-10　Hello World 项目示例

10.2 Spring 框架

10.2.1 Spring 框架概述

Spring 是一种十分流行的 Java 企业级应用程序开发框架。世界上数以百万计的开发人员使用 Spring 框架来编写高性能、易测试和可重用的代码。Spring 框架是一个开源的 Java 平台,它起源于 Rod Johnson 在 2002 年出版的著作 *Expert One-on-One J2EE Design and Development*,书中分析了 Java EE 的开发效率和实际性能等方面存在的问题,从实践和架构的角度探讨了简化开发的原则和方法。

Spring 框架的目标是使 Java EE 的开发更加容易,并通过使用基于 POJO(Plain Old Java Object,字面译为纯洁老式的 Java 对象,一般称为简单的 Java 对象)的编程模型来促进良好的编程实践。Spring 框架的核心功能可用于开发任何 Java 应用程序,也可以用于在 Java EE 平台的顶部构建 Web 应用的扩展。现在 Spring 框架的版本仍在不断演化,已经成为 Java 开发框架的一种事实标准,对 Java EE 规范本身也产生了重要影响。例如,EJB 规范在发展中逐渐引入了众多 Spring 框架的优秀特征。Spring 框架之所以被如此广泛的采用,是和自身的优势分不开的,其优势总结如下:

(1) Spring 使开发人员能够使用 POJO 开发企业级的应用。使用 POJO 的好处是开发者不再需要使用类似应用服务器的 EJB 容器产品,而只须选择一个强大的 Servlet 容器,例如 Tomcat 或其他商业产品。

(2) Spring 以模块化的方式进行组织。尽管包和类的数量十分巨大,但允许开发者自行选择并应用适合于自身需要的模块,而无须将不相关的其他模块引入,还可以将 Spring 与其他框架进行集成,使得开发过程更有针对性且效率更高。

(3) Spring 并不是将 Java EE 推倒重来,而是真正地利用现有的一些技术,例如 ORM 框架、日志框架、JEE、Quartz 和 JDK Timers 以及其他视图技术。

(4) 使用 Spring 编写测试应用程序简单,这是因为依赖环境的代码被移动到了 Spring 框架中。此外,通过使用 JavaBean 风格的 POJO,利用依赖注入进行测试变得更容易。

(5) Spring 的 Web 框架是一个精心设计的 Web MVC 框架,它提供了一个很好的替代 Web 框架,例如 Struts 或其他过度设计或不受欢迎的 Web 框架。

(6) Spring 提供了一个方便的 API 用于转换特定技术的异常(如由 JDBC、Hibernate 或 JDO 抛出的异常)为一致的、未检查的异常。

(7) 相比于 EJB 容器,IOC 容器往往是轻量级的,这有利于在内存和 CPU 资源有限的计算机上开发和部署应用程序。

(8) Spring 提供了一个一致的事务管理接口,可以缩小到一个本地事务(如使用一个单一的数据库),也可以扩展到一个全局事物(如使用 JTA)。

Spring 最重要的两个核心功能是依赖注入(Dependency Injection, DI)和面向切面编程(Aspect Oriented Programming, AOP)。其中,依赖注入用于管理 Java 对象之间的依赖关系,面向切面编程用于解耦业务代码和公共服务代码(如日志、安全、事务等)。DI 和 AOP 能够让代码更加简单,具有良好的松耦合特性和可测试性,极大地简化了开发。理解 DI 和 AOP 是使用 Spring 框架的基础。Spring 的目标是简化 Java 应用开发,Spring 通过为 DI 和 AOP 两种编程技术提供支持,可以更方便地进行应用开发。此外,Spring 提倡基于 POJO 的编程模型,提供了针对企业开发且屏蔽重复代码的工具类。在正式开始进入代码编写之前,需要首先了解 Spring 简化开发的三个基本概念。

10.2.2 Spring 基本概念

1. 依赖注入和控制反转

Spring 框架最显著的技术特征便是依赖注入(DI)和控制反转(Inversion Of Control, IOC),控制反转是一个普遍的概念,它可以用多种不同的方式表达。依赖注入只是控制反转的一个具体例子。在编写一个复杂的 Java 应用程序时,一个应用程序类应尽量独立于其他 Java 类,并尽可能地重用这些类,在进行单元测试时也应可以独立于其他类进行单独测试。依赖注入提供了上述功能,既有助于将这些类粘合在一起,也能够同时保持它们相对独立。

在传统的程序设计中,通常由调用者来创建被调用者的实例,而在依赖注入或控制反转的定义中,调用者不负责被调用者的实例创建工作,该工作由 Spring 框架中的容器来负责完成,它通过开发者的配置来判断实例的类型,创建后再注入调用者。由于 Spring 容器负责创建被调用者的实例,实例创建后又负责将该实例注入调用者,因此被称为依赖注入。而被调用者的实例创建工作不再由调用者来创建,而是由 Spring 容器来创建,因此也被称为控制反转。依赖注入可以通过将参数传递给构造函数或者通过使用 setter 方法进行后期构造来实现。依赖注入是 Spring 框架的核心,后面将用相关的例子来解释相关概念。

2. 面向切面编程

Spring 的关键组件之一是面向切面编程(AOP),它是面向对象编程(OOP)的补充和完善。在 OOP 中,通过继承、封装和多态性等概念建立起了多个对象之间的层次结构关系,但是当需要为这些分散的对象加入一些公共的行为时,OOP 就显得力不从心了。换句话说,OOP 擅长的是定义从上到下的关系,但是并不适用定义从左到右的关系。以日志功能为例,日志代码往往分散地存在于所有的对象层次中,而这些代码又与其所属对象的核心功能没有任何关系。像日志代码这种分散在各处且与对象核心功能无关的代码就被称为横切(Cross-cutting)代码。在 OOP 中,正是横切代码的存在导致了大量的代码重复,而且增加了模块复用的难度。这些横切代码在概念上与应用程序的业务逻辑分离,在日志、声明性事务、安全性、缓存等方面有许多常见的例子。

AOP 的出现恰好解决了 OOP 技术的这种局限性。AOP 利用了“横切”的技术，将封装好的对象剖开，找出其中对多个对象产生影响的公共行为，并将其封装为一个可重用的模块，这个模块称为“切面”(Aspect)。切面将那些与业务无关却被业务模块共同调用的逻辑提取并封装起来，于是减少了系统中的重复代码，降低了模块间的耦合度，同时提高了系统的可维护性。

因此，OOP 中模块化的关键单元是类，而在 AOP 中模块化的单元是切面。DI 帮助解耦应用程序对象，而 AOP 帮助将横切代码与它们影响的对象解耦。后面将详细讨论更多有关 Spring AOP 概念的内容。

3. 基于 POJO 的编程模型

Java 开发领域的一大特色就是有大量开源框架可供开发人员选择和使用。通常情况下，使用任何一种开发框架，开发人员编写的业务类都需要继承框架提供的类或接口，如此才能使用框架提供的基础功能。而对于 Spring 框架，只需通过 POJO 就能使用其强大的功能。Spring 不强制依赖于其特定的 API，这称为“非侵入式”开发，能够让代码更加简单且更容易复用。

POJO 是软件开发大师 Martin Fowler 提出的一个概念，指的是一个普通的 Java 类。也就说，随便编写一个 Java 类，就可以称之为 POJO。之所以要提出这样一个专门的术语，是为了与基于重量级开发框架的代码相区分。例如，EJB 编写的类一般都要求符合特定编码规范，实现特定接口，继承特定基类，而 POJO 可以说是没有禁忌，灵活方便。此外，另外两个概念——JavaBeans、Spring Bean 和 POJO 的概念经常联系在一起，下面简单加以介绍。

JavaBeans 是一种 Java 规范定义的一种组件模型，它包含了一些类编码的约定。简单地说，一个类如果拥有一个默认构造函数，有访问内部属性且符合命名规范的 setter 和 getter 方法，同时实现了 io. Serializable 接口，就是一个 JavaBean。遵守上述约定，在编写或者修改一个类的时候，就能很容易地在可视化的开发环境中进行操作，也可以方便地分发给其他开发人员。

Spring Bean 是被 Spring 维护和管理的 POJO。最早 Spring 只能管理符合 JavaBean 规范的对象，这也是为什么称之为 Spring Bean 的原因。但是，现在只要是 POJO 就能被 Spring 容器管理起来，而且这也是最为常见的情况。

10.2.3 Spring 框架结构

Spring 是基于 Java 平台的一站式轻量级开源框架，为应用程序的开发提供了全面的基础设施支持，使得开发者能够更好地致力于应用开发而不必去关心底层的框架。Spring 是在基于 Java 企业平台大量 Web 应用的基础上积极扩展和不断改进而形成的，它解决的是业务逻辑层和其他各层的松耦合问题，因此，它将面向接口的编程思想贯穿于整个系统应用。同时，Spring 框架本身具有模块化的分层架构，开发者可以根据需要使用其中的各个模块。

Spring 框架对 Java 企业应用开发中的各类通用问题都进行了良好的抽象，因此，也能够把应用各个层次所涉及的特定开发框架（如 MVC 框架、ORM 框架）方便地组合到一起。Spring 是一个极其优秀的一站式的 Full-Stack 集成框架。

Spring 框架由约 20 个功能模块组成，这些模块分别被分组到 Core Container、Data Access/Integration、Web、面向切面的编程（AOP）、Instrumentation、Messaging 和 Test 模块中，其体系结构如图 10-11 所示。下面介绍这些模块。

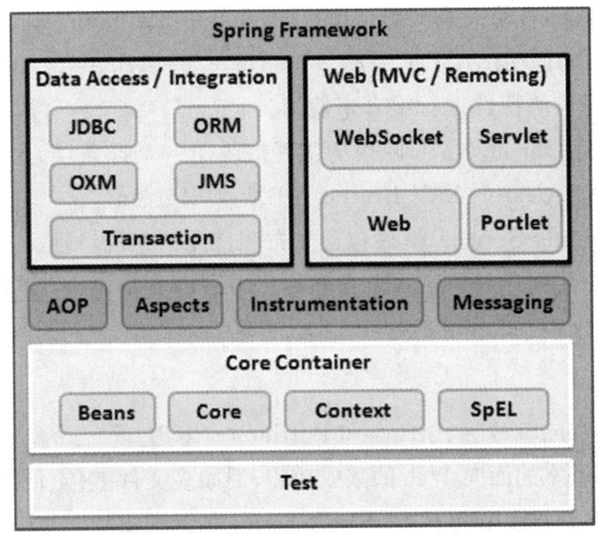

图 10-11　Spring 框架体系结构

1. 核心容器

图 10-11 中位于 Spring 结构图底层的是其核心容器 Core Container。Spring 的核心容器由 Beans、Core、Context 和 SpEL（Spring Expression Language）模块组成，Spring 的其他模块都是建立在核心容器之上的。

Beans 和 Core 模块实现了 Spring 框架的基本功能，规定了创建、配置和管理 Bean 的方式，提供了控制反转和依赖注入的特性。核心容器中的主要组件是 BeanFactory 类，它是工厂模式的实现，JavaBean 的管理就由它来负责。BeanFactory 通过控制反转将应用程序的配置以及依赖性规范与实际的应用程序代码相分离。

Context 模块建立在 Beans 和 Core 模块之上，该模块向 Spring 框架提供了上下文信息。它扩展了 BeanFactory，添加了国际化（I18N）的支持，提供了国际化、资源加载和校验等功能，并支持与模块框架（如 Velocity、Freemarker）的集成。

SpEL 模块提供了一种强大的表达式语言来访问和操纵运行时对象。该表达式语言是在 JSP 2.1 中规定的统一表达式语言的延伸，支持设置和获取属性值、方法调用、访问数组、集合和索引、逻辑和算术运算、命名变量以及根据名称从 IOC 容器中获取对象等功能，也支持 list 投影、选择和 list 聚合功能。

2. 数据访问/集成模块

数据访问/集成（Data Access/Integration）模块由 JDBC、ORM、OXM、JMS 和 Transaction 模块组成。在编写 JDBC 代码时需要一套程序化的代码，Spring 的 JDBC 模块将这些程序化的代码进行抽象，提供了一个 JDBC 的抽象层，这样就大幅减少了开发过程中对数据库操作代码的编写，同时也避免了开发者去面对复杂的 JDBC API 以及因为释放数据库资源失败而引起的一系列问题。

ORM 模块为主流的对象关系映射(Object-Relation Mapping)API 提供了集成层，这些主流的对象关系映射 API 包括 JPA、JDO、Hibernate 和 Mybatis。ORM 模块可以将 O/R 映射框架与 Spring 提供的特性进行组合来使用。

OXM 模块为支持 Object/XML 映射的实现提供了一个抽象层，这些支持 Object/XML 映射的实现包括 JAXB、Castor、XMLLBeans、JiBX 和 XStream。

JMS(Java Messaging Service)模块包含发布和订阅消息的特性。

Transaction 模块使用了对声明式事务和编程事务的支持，这些事务类必须实现特定的接口，而且对所有的 POJO 都适用。

3. Web 模块

Web 模块包括 Web、Servlet、Struts 和 Portlet 4 个模块。

Web 模块提供了基本的面向 Web 的集成功能，例如多文件上传、使用 Servlet 监听器初始化 IOC 容器和面向 Web 的应用上下文，还包含 Spring 的远程支持中与 Web 相关的部分。

Servlet 模块也称为 Web-MVC 模块，提供了 Spring 的 Web 应用的模型-视图-控制器(MVC)实现，包含 Spring 的 MVC 框架和用于 Web 应用程序的 Rest Web 服务的实现。Spring 的 MVC 框架在域模型代码和 Web 表达之间提供了清晰的边界，并且还集成了 Spring 框架的所有其他功能。

WebSocket 模块为基于 WebSocket 的开发提供了支持，而且在 Web 应用程序中提供了客户端和服务器端之间通信的两种方式。

Portlet 模块提供了在 Portlet 环境中使用 Web-MVC 的实现。

4. AOP、Aspects、Instrumentation 和 Messaging 模块

AOP 模块提供了在 AOP 联盟标准的面向切面编程的实现，使用该模块可以定义方法拦截器和切点，将代码按功能进行分离，降低了它们之间的耦合性。利用代码级的元数据功能，还可以将各种行为信息合并到开发者的代码中。

Aspects 模块提供了对 AspectJ 的集成支持。

Instrumentation 模块提供了对类的检测支持，并且类的加载器实现可以被用于特定应用服务中。Spring-Instrument-Tomcat 模块包含了 Spring 给 Tomcat 提供的监测代理。

Messaging 模块带有一些来自诸如 Message、MessageChannel、MessageHandler 等 Spring Integration 对象的关键抽象，它们被用于基于消息传递应用的服务基础。这个模块映射包含了一组用于消息映射的方法注释，类似于基于编程模式的 Spring MVC 注释。

5. Test 模块

Test 模块支持使用 JUnit 和 TestNG 对 Spring 组件进行单元测试和集成测试，它提供了一致的 ApplicationContexts 并缓存上下文。它还提供了 mock 对象，使得开发者可以独立地测试代码。

10.2.4 依赖注入

当开发一个复杂的 Java 应用程序时，每一个 Java 应用都会有很多对象在一起工作，依赖注入有助于将这些类整合到一起，同时保持它们相对独立。假设一个应用程序有一个文本编辑器组件，并且希望提供一个拼写检查功能，标准代码如下：

```
public class TextEditor {
    private SpellChecker spellChecker;
    public TextEditor(){
        spellChecker=new SpellChecker();
    }
}
```

代码中创建了一个文本编辑器和拼写检查之间的相关性，并且在文本编辑器的构造函数中创建了一个拼写检查功能的实例。而在利用控制反转的情况下，代码如下：

```
public class TextEditor {
   private SpellChecker spellChecker;
   public TextEditor(SpellChecker spellChecker){
      this.spellChecker=spellChecker;
   }
}
```

在这里，一个文本编辑器并没有考虑拼写检查的实现，拼写检查程序被独立实现，在一个文本编辑器实例化的时候提供给文本编辑器，整个过程由 Spring 框架控制。上述代码已经从文本编辑器中去除了拼写检查功能的全部控制功能，并在其他地方对其进行配置(如 XML 文件)，依赖性(即拼写检查器类)是通过一个类的构造函数注入到文本编辑器类中的。因此，控制流已经被依赖注入“反转”，因为依赖关系已经被有效地授权到一些外部系统。这种依赖注入的方式是在文本编辑器的构造函数中进行的。

目前主要的注入依赖方式是通过文本编辑器类的注解方式来实现的。从 Spring 2.5 开始，使用注解配置依赖注入是可行的。因此，可以使用有关类、方法或字段声明的注解将 bean 配置移动到组件类本身，而不再使用 XML 来进行描述。基于注解的依赖注入在 XML 注入方式之前执行，因此，后一种配置将覆盖前者。

默认情况下，Spring 容器中没有打开注解配置方式。因此，在使用基于注解的配置之前，需要在 Spring 配置文件中启用它，具体代码可以参考下面的配置文件。

```
<?xml version="1.0" encoding="UTF-8"?>
```

```
<beans xmlns="http://www.springframework.org/schema/beans"
  xmlns:xsi="http://www.w3.org/2001/XMLSchema-instance"
  xmlns:context="http://www.springframework.org/schema/context"
  xsi:schemaLocation="http://www.springframework.org/schema/beans
  http://www.springframework.org/schema/beans/spring-beans-3.0.xsd
  http://www.springframework.org/schema/context
  http://www.springframework.org/schema/context/spring-context-3.0.xsd">
  <context:annotation-config/>
  <!--bean definitions go here -->
</beans>
```

一旦<context:annotation-config/>被配置，应用程序就可以开始支持基于注解的代码，以指示 Spring 自动将值连接到属性、方法和构造函数中。下面的代码以注解的方式通过构造函数进行依赖注入，通过该代码可以理解它们是如何工作的。@Autowired 注解提供了细粒度的控制，可以实现在哪里以及如何完成自动绑定。当 Spring 发现了一个使用@Autowired 注解的方法后，它试图执行按类型自动绑定的方法。使用@Autowired 注解到构造函数，当创建 bean 时构造函数仍将自动对参数进行绑定。

例如，下面的示例显示了一个文本编辑器类，通过对构造函数进行注解的方式进行依赖注入。通过采用 IDEA 集成开发环境，可以采取以下步骤来创建一个 Spring 应用程序。

(1) 创建一个名为 springdemo 的项目，并在项目的 java 文件夹中创建一个包 com.jsp.annotation。

(2) 按照图 10-12 中的解释，使用 Maven 来添加所需的 Spring 库。

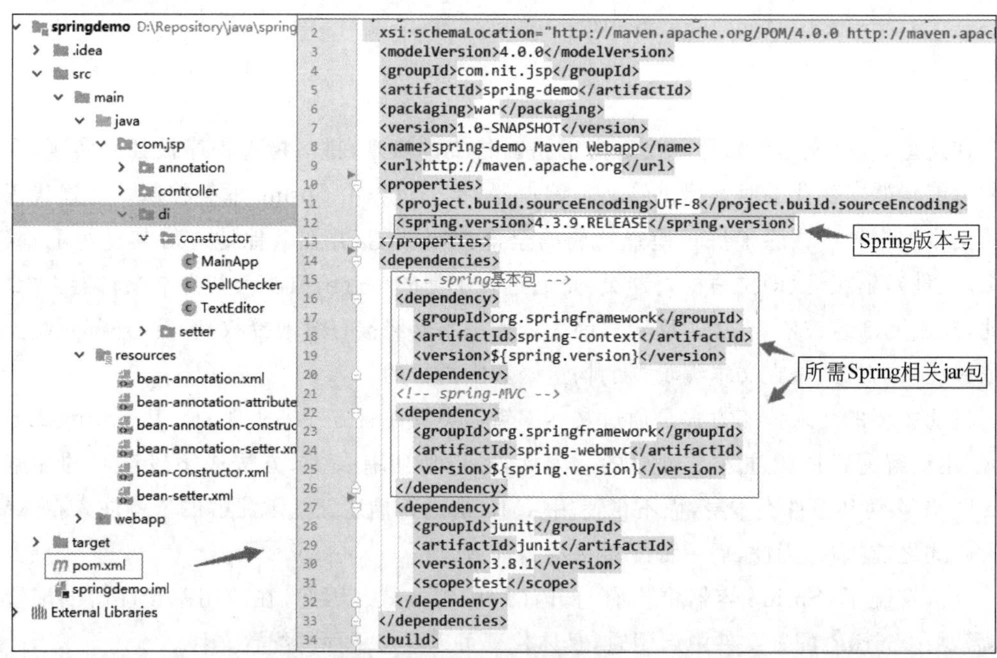

图 10-12 Spring 框架依赖注入所需的 Jar 包

(3) 创建 TextEditor、SpellChecker 和 MainApp 类到 com.jsp.demo.annotation 包下。

(4) 在 resources 文件夹中创建配置文件 bean-annotation.xml。

(5) 最后一步是按照如下代码创建并完成所有 Java 文件和配置文件的内容,运行 MainApp 程序。

① TextEditor.java 文件

```
package com.jsp.demo.annotation;
import org.springframework.beans.factory.annotation.Autowired;
public class TextEditor {
    private SpellChecker spellChecker;
    @Autowired
    public TextEditor(SpellChecker spellChecker){
        System.out.println("Inside TextEditor constructor.");
        this.spellChecker=spellChecker;
    }
    public void spellCheck(){
        spellChecker.checkSpelling();
    }
}
```

② SpellChecker.java 文件

```
package com.jsp.demo.annotation;
public class SpellChecker {
    public SpellChecker(){
        System.out.println("Inside SpellChecker constructor.");
    }
    public void checkSpelling(){
        System.out.println("Inside checkSpelling.");
    }
}
```

③ MainApp.java 文件

```
package com.jsp.demo.annotation;
import org.springframework.context.ApplicationContext;
import org.springframework.context.support.ClassPathXmlApplicationContext;
public class MainApp {
    public static void main(String[] args){
        ApplicationContext context =
            new ClassPathXmlApplicationContext("bean-annotation.xml");
        TextEditor te= (TextEditor)context.getBean("textEditor");
        te.spellCheck();
```

```
    }
}
```

④ bean-annotation. xml

```
<?xml version="1.0" encoding="UTF-8"?>
<beans xmlns="http://www.springframework.org/schema/beans"
      xmlns:xsi="http://www.w3.org/2001/XMLSchema-instance"
      xmlns:context="http://www.springframework.org/schema/context"
      xsi:schemaLocation="http://www.springframework.org/schema/beans
  http://www.springframework.org/schema/beans/spring-beans-3.0.xsd
  http://www.springframework.org/schema/context
  http://www.springframework.org/schema/context/spring-context-3.0.xsd">
  <context:annotation-config/>
  <!--Definition for textEditor bean without constructor-arg  -->
  <bean id="textEditor" class="com.jsp.annotation.TextEditor"></bean>
  <!--Definition for spellChecker bean -->
  <bean id="spellChecker" class="com.jsp.annotation.SpellChecker"></bean>
</beans>
```

完成以上源代码和 bean 配置文件之后，运行应用程序。如果应用程序一切正常，它将打印以下消息：

```
Inside SpellChecker constructor.
Inside TextEditor constructor.
Inside checkSpelling.
```

Spring 也支持基于 JSR-250 的注解，包括@PostConstruct、@PreDestroy 和@Resource 注解。因为在其他框架中可能已经有了其他的替代品，这些注解并不一定被需要，与此相关内容可参考第 11 章。

10.2.5 面向切面编程

Spring 框架的关键组件之一是面向切面编程(AOP)框架。面向切面编程需要把程序逻辑分解成不同的部分，即所谓的关注点。跨越应用程序多个点的函数称为横切关注点，这些横切关注点在概念上与应用程序的业务逻辑分离。日志、审计、声明性事务、安全性、高速缓存等方面有很多常见的好例子。

OOP 中模块化的关键单元是类，而在 AOP 中，模块化单元是切面。依赖注入帮助将应用程序对象彼此解耦，AOP 帮助将横切关注点与它们影响的对象解耦。AOP 类似于编程语言(如 Perl、. NET、Java)和其他语言中的触发器。

Spring AOP 模块提供拦截器来拦截应用程序。例如，当执行一个方法时，可以在方法执行之前或之后添加额外的功能。在开始使用 AOP 之前，需要先熟悉 AOP 的概念和术语。

这些术语不是针对 Spring 的,而是与 AOP 相关的,如表 10-1 所示。

表 10-1 面向切面编程相关术语

术 语	描 述
Aspect	切面:该模块有一组提供横切需求的 API。例如,日志模块被称为用于日志记录的 AOP 切面。根据需求,应用程序可以拥有任意数量的切面
Join point	连接点:表示在应用程序中可以插入 AOP 切面的一个点。也可以说,它是在应用程序中使用 Spring AOP 框架进行操作的实际位置
Advice	通知:这是在方法执行之前或之后要采取的实际操作。这是一个实际的代码,它是在 Spring AOP 框架下在程序执行过程中调用的
Pointcut	切点:这是一组一个或多个连接点,在这里一个通知将被执行。可以指定使用表达式或者模式来指定切入点
Introduction	引入:允许向现有类添加新的方法或属性
Target object	目标对象:被一个或多个切面通知的对象。这个对象将永远是一个被代理的对象,也被称为通知对象
Weaving	织入:是将各方面与其他应用程序类型或对象联系起来以创建一个通知对象的过程,可以在编译、加载或运行时完成

Spring 切面可以使用 5 种通知类型,如表 10-2 所示,具体 AOP 的示例将在第 11 章的具体应用中进行详细说明。

表 10-2 切面的 5 种通知类型

通知类型	描 述
before	在一个方法被执行之前运行建议
after	在一个方法被执行之后运行建议,不管结果如何
after-returning	当且仅当在方法成功完成后运行建议
after-throwing	只有在方法抛出异常退出时运行建议
around	在通知方法被调用之前和之后运行建议

10.3 Spring MVC 框架

10.3.1 Spring MVC 概述

Spring MVC 是当前最优秀的 MVC 框架,自 Spring 2.5 版本发布后,由于支持注解配置,易用性有了大幅度的提高。Spring 3.0 更加完善,实现了对 Struts 2 的超越。现在越来越多的开发团队选择使用 Spring MVC。

Spring MVC 框架提供了模型-视图-控制器(MVC)架构和现成组件,它们可以用来开发灵活和松散耦合的 Web 应用程序。MVC 模式可以分离应用程序的不同方面(输入逻辑、业务逻辑和 UI 逻辑),同时提供这些元素之间的松散耦合。

(1) Model 封装了应用程序的数据,通常由 POJO 组成。

(2) View 负责呈现模型数据,并且通常生成客户端浏览器可以解释的 HTML 输出。

(3) Controller 负责处理用户请求并构建适当的模型,并且将其传递给视图以供呈现。

10.3.2 Spring MVC 运行原理

Spring MVC 框架的设计是围绕一个处理所有 HTTP 请求和响应的 DispatcherServlet 设计的。Spring MVC 的 DispatcherServlet 请求处理流程如图 10-13 所示。

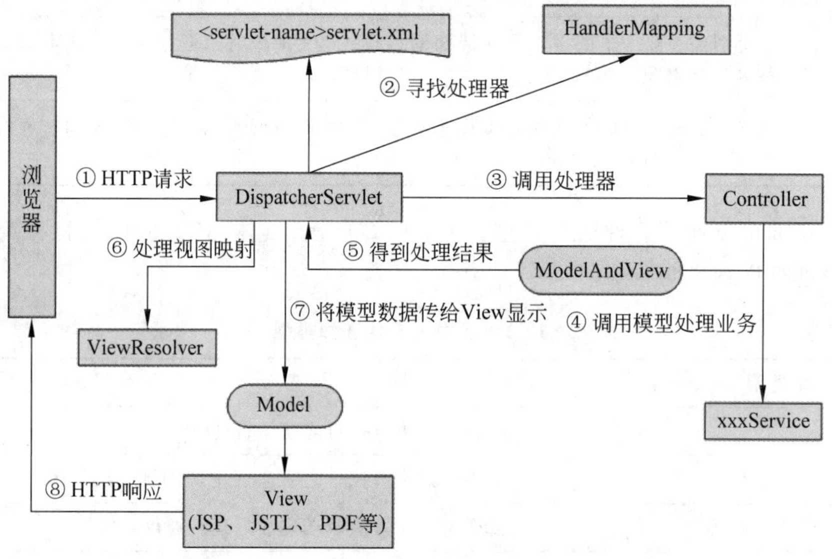

图 10-13 Spring MVC 的 DispatcherServlet 请求处理流程图

以下对应一个 HTTP 请求输入到 DispatcherServlet 的事件序列:

① 接收一个 HTTP 请求。

② DispatcherServlet 询问 HandlerMapping,并调用适当的控制器进行处理。

③ 控制器根据所使用的 GET 或 POST 方法接收请求并调用相应的服务方法。

④ 服务方法将在定义的业务逻辑基础上设置模型数据,调用模型处理业务。

⑤ 返回处理结果视图名称给 DispatcherServlet。

⑥ DispatcherServlet 将在 ViewResolver 的帮助下得到为该请求定义的视图。

⑦ 一旦视图完成,DispatcherServlet 将传输模型数据到视图。

⑧ HTTP 响应,在浏览器中呈现。

图 10-13 中的组件,即 HandlerMapping、Controller 和 ViewResolver 都是上下文环境

WebApplicationContext 的一部分，它是具有 Web 应用程序所必需的具有额外特征的 PlainApplicationContext 的扩展。

DispatcherServlet 是前置控制器，配置在 Web. xml 文件中的。拦截匹配的请求，Servlet 拦截匹配规则需要自己定义，把拦截下来的请求，依据规则分发到目标 Controller 来处理。

```
<web-app>
    <servlet>
        <servlet-name>Demo</servlet-name>
        <servlet-class>
            org.springframework.web.servlet.DispatcherServlet
        </servlet-class>
        <load-on-startup>1</load-on-startup>
    </servlet>
    <servlet-mapping>
        <servlet-name>Demo</servlet-name>
        <url-pattern>*.do</url-pattern>
    </servlet-mapping>
</web-app>
```

说明：

<load-on-startup>1</load-on-startup>是启动顺序，让这个 Servlet 随 Servlet 容器一起启动。

<url-pattern>*.do</url-pattern> 会拦截 *.do 结尾的请求。

<servlet-name>Demo</servlet-name>这个 Servlet 的名字是 Demo，可以有多个 DispatcherServlet，通过名字来区分。每一个 DispatcherServlet 都有自己的 WebApplicationContext 上下文对象。

在 DispatcherServlet 的初始化过程中，框架会在 Web 应用的 WEB-INF 文件夹下寻找名为[servlet-name]-servlet. xml 的配置文件，例如 Demo-servlet. xml，生成文件中定义的 Bean。

10.3.3 Spring MVC 注解

下面介绍 Spring MVC 注解。

(1) @Controller：在 Spring MVC 中，控制器 Controller 负责处理由 DispatcherServlet 分发的请求，它把用户请求的数据经过业务处理层处理之后封装成一个 Model，然后再把该 Model 返回给对应的 View 进行展示。在 SpringMVC 中提供了一个非常简便的定义 Controller 的方法，无须继承特定的类或实现特定的接口，只须使用@Controller 标记一个类是 Controller，然后使用@RequestMapping 和@RequestParam 等一些注解用以定义

URL 请求和 Controller 方法之间的映射，这样的 Controller 就能被外界访问到。此外，Controller 不会直接依赖于 HttpServletRequest 和 HttpServletResponse 等 HttpServlet 对象，它们可以通过 Controller 的方法灵活地获取参数。

@Controller 用于标记在一个类上，使用它标记的类就是一个 Spring MVC Controller 对象。分发处理器将会扫描使用了该注解的类的方法，并检测该方法是否使用了@RequestMapping 注解。@Controller 只是定义了一个控制器类，而使用@RequestMapping 注解方法的才是真正处理请求的处理器。单单使用@Controller 标记在一个类上还不能说它就是 Spring MVC 的一个控制器类，因为这个时候 Spring 还不认识它。有两种方式可以把这个控制器类交给 Spring 来管理，让 Spring 能够识别该控制器类。第一种方法是在 Spring MVC 的配置文件中定义 MyController 的 bean 对象；第二种方法是在 Spring MVC 的配置文件中告诉 Spring 该到哪里去找标记为@Controller 的 Controller 控制器。

```
<!--方式一-->
<bean class="com.jsp.app.web.controller.MyController"/>
<!--方式二-->
<context:component-scan base-package="com. jsp.app.web.controller" />
```

(2) @RequestMapping：RequestMapping 是一个用来处理请求地址映射的注解，可用于类或方法上。用于类上，则表示类中的所有响应请求的方法都是以该地址作为父路径。

RequestMapping 注解有 6 个参数，具体说明如表 10-3 所示。

表 10-3　RequestMapping 注解参数说明

参数名称	参 数 含 义
value	指定请求的实际地址，指定的地址可以是 URL Template 模式
method	指定请求的 method 类型，例如 GET、POST、PUT、DELETE 等
consumes	指定处理请求的提交内容类型（Content-Type），例如 APPLICATION/JSON、TEXT/HTML
produces	指定返回的内容类型，仅当 request 请求头中的（Accept）类型中包含该指定类型时才返回
params	指定 request 中必须包含某些参数值时才让该方法处理
headers	指定 request 中必须包含某些指定的 header 值时才能让该方法处理请求

(3) @Resource 和@Autowired：这两种注解都是进行 Bean 的注入时使用，其实@Resource 并不是 Spring 的注解，它的包是 javax. annotation. Resource，需要导入，但是 Spring 支持该注解的注入。

(4) @ResponseBody：该注解用于将 Controller 方法返回的对象，通过适当的 HttpMessageConverter 转换为指定的格式后，写入 Response 对象的 body 数据区。使用时机：返回的数据不是 HTML 标签的页面，而是其他某种格式如 JSON、XML 等的数据时使用。

(5) @PathVariable：用于将请求 URL 中的模板变量映射到功能处理方法的参数上，

即取出 URL 模板中的变量作为参数。

(6) 其他注解：例如@ModelAttribute、@SessionAttributes、@requestParam、@Component 和@Repository 等，由于篇幅限制这里不再详细介绍其功能，读者可自行深入了解学习。

10.3.4 "Hello World"例子

通过在 Web.xml 文件中配置 URL 映射来转发被 DispatcherServlet 处理的请求。下面显示的是一个 HelloWeb DispatcherServlet 例子的声明和映射。

```
<servlet>
    <servlet-name>HelloWeb</servlet-name>
    <servlet-class>
      org.springframework.web.servlet.DispatcherServlet
    </servlet-class>
    <load-on-startup>1</load-on-startup>
</servlet>
<servlet-mapping>
    <servlet-name>HelloWeb</servlet-name>
    <url-pattern> * .jsp</url-pattern>
</servlet-mapping>
```

配置文件 Web.xml 保存在 Web 应用程序的 webapp/WEB-INF 目录下。在 HelloWeb DispatcherServlet 初始化时，该框架将尝试从一个文件名为[servlet-name]-servlet.xml 的配置文件中加载应用程序上下文，该配置文件位于应用程序的 Web 内容 webapp/WEB-INF 目录中。在这种情况下，示例项目中的配置文件将被命名为 HelloWeb-servlet.xml。

接下来，<servlet-mapping>标签指示什么路径将被 DispatcherServlet 处理。这里所有以.jsp 为后缀结尾的 HTTP 请求都将由 HelloWeb DispatcherServlet 处理。如果不想用默认的文件名[servlet-name]-servlet.xml 和默认的位置 webapp/WEB-INF，也可以在 Web.xml 文件中通过添加 Servlet 监听器 ContextLoaderListener 来自定义文件名和位置。

```
<web-app...>
<!--------DispatcherServlet definition goes here----->
…
<context-param>
    <param-name>contextConfigLocation</param-name>
    <param-value>/WEB-INF/HelloWeb-servlet.xml</param-value>
</context-param>
<listener>
    <listener-class>
        org.springframework.web.context.ContextLoaderListener
```

```
    </listener-class>
  </listener>
</web-app>
```

下面是检查 HelloWeb-servlet. xml 文件所需要的配置，放在 Web 应用程序目录的 webapp/WEB-INF 文件夹下。

```
<beans xmlns="http://www.springframework.org/schema/beans"
      xmlns:context="http://www.springframework.org/schema/context"
      xmlns:xsi="http://www.w3.org/2001/XMLSchema-instance"
      xsi:schemaLocation="http://www.springframework.org/schema/beans
   http://www.springframework.org/schema/beans/spring-beans-3.0.xsd
   http://www.springframework.org/schema/context
   http://www.springframework.org/schema/context/spring-context-3.0.xsd">
  <context:component-scan base-package="com.jsp.controller" />
  <bean class="org.springframework.web.servlet.view.
  InternalResourceViewResolver">
    <property name="prefix" value="/WEB-INF/jsp/" />
    <property name="suffix" value=".jsp" />
  </bean>
</beans>
```

关于 HelloWeb-servlet. xml 文件的要点总结如下：

(1) [servlet-name] -servlet. xml 文件将被用来创建 Bean 定义，重载任何具有相同名称的全局范围内的 Bean 定义。

(2) <context:component-scan...>标签将被用来激活 Spring MVC 注解扫描能力，这将允许利用@Controller 和@RequestMapping 等注解。

(3) InternalResourceViewResolver 将定义规则以解决视图名称问题。按照上述定义的规则，一个名称为 hello 的逻辑视图被委派给一个实现位置在/WEB-INF/jsp/hello. jsp 的视图。

下面将介绍如何创建实际组件，即控制器、模型和视图。

1) 定义控制器及创建模型

DispatcherServlet 代表到控制器的请求执行特定的功能。@Controller 注解表明一个特定的类作为一个控制器。@RequestMapping 注解用于映射 URL 到一个类或一个特定的处理方法。

```
package com.jsp.demo.controller;
import org.springframework.stereotype.Controller;
import org.springframework.web.bind.annotation.RequestMapping;
import org.springframework.web.bind.annotation.RequestMethod;
import org.springframework.ui.ModelMap;
@Controller
```

```
@RequestMapping("/hello")
public class HelloController {
@RequestMapping(method=RequestMethod.GET)
public String printHello(ModelMap model){
       model.addAttribute("message", "Hello Spring MVC Framework!");
       return "hello";
    }
}
```

@Controller 注解将类定义为 Spring MVC 控制器。在这里，第一个注解@RequestMapping 表明本控制器中所有的处理方法都是相对于/hello 路径的。下一个注解@RequestMapping(method＝RequestMethod. GET)用于声明 printHello()方法作为控制器的默认服务的方法来处理 HTTP GET 请求，也可以定义另一种方法来处理同一个 URL 上的任何 POST 请求。同时，上述控制器也可以通过添加附加属性@RequestMapping 用另一种形式表示。例如：

```
@Controller
public class HelloController {
   @RequestMapping(value="/hello", method=RequestMethod.GET)
   public String printHello(ModelMap model){
      model.addAttribute("message", "Hello Spring MVC Framework!");
      return "hello";
   }
}
```

属性 value 表示 URL 映射到的处理方法，方法属性定义了处理 HTTP GET 请求的服务方法。

关于上述控制器定义时需要注意的要点总结如下：

(1) 在服务方法中定义所需的业务逻辑，也可以按要求在该方法内调用另一个方法。

(2) 根据定义的业务逻辑，在该方法中创建一个模型。也可以使用不同的模型属性，这些属性将被视图访问以呈现最终结果。这个示例创建一个具有“消息”属性的模型。

(3) 定义的服务方法可以返回一个字符串，该字符串包含用于呈现模型的视图的名称。这个示例返回“hello”作为逻辑视图名。

2) 创建 JSP 视图

Spring MVC 支持多种类型的视图，用于不同的表示技术。这些视图包括 JSPs、HTML、PDF、Excel 工作簿、XML、Velocity 模板、XSLT、JSON、Atom、RSS feeds 和 JasperReports 等，但通常使用基于 JSTL 的 JSP 模板。下面编写一个简单的 Hello 视图/WEB-INF/jsp/hello. jsp。

```
<%@page contentType="text/html; charset=UTF-8" %>
<%@page isELIgnored="false"%>
```

```
<html>
<head>
    <title>Hello World</title>
</head>
<body>
<h2>${message}</h2>
</body>
</html>
```

这里 ${message}是在控制器中设置的属性,可以在视图中显示多个属性。代码最终的运行界面如图 10-14 所示。

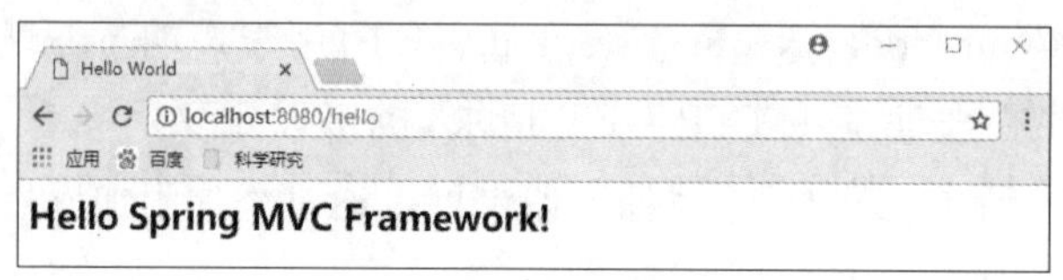

图 10-14　Spring MVC 代码运行界面示例

10.4 持久层框架 Hibernate

10.4.1　Hibernate 简介

Hibernate 是一个开放源代码的对象关系映射框架,它对 JDBC 进行了轻量级的对象封装,将 POJO 与数据库表建立映射关系,它是一个全自动的 ORM 框架,Hibernate 可以自动生成 SQL 语句并自动执行,使得 Java 程序员可以随心所欲地使用对象编程思维来操纵数据库。Hibernate 可以应用在任何使用 JDBC 的场合,既可以在 Java 的客户端程序使用,也可以在 Servlet/JSP 的 Web 应用中使用。

总之,可以简单地理解为 Hibernate 是基于 JDBC 技术基础上衍生而来的,并在此基础上使得由原来直接操纵数据库变成直接操作映射数据表后生成的 Java 类,从而实现面向对象编程思维来操纵数据库。Hibernate 的作用是介于 Java 与 JDBC 之间的一个持久层,它通过建立与数据库表之间的映射来操纵数据库。

ORM 是 Object Relational Mapping 的简称,即对象关系映射。它是一种为了解决面向对象与关系数据库存在的互不匹配问题的技术。简单地讲,ORM 是通过使用描述对象和数据库之间映射的元数据,将 Java 程序中的对象持久化到关系数据库中。由此引入了持久化和持久层两个新概念。

(1) 持久化:就是对数据和程序状态的长久保持。大多数情况下,特别是企业级应用,数据持久化通常意味着将内存中的数据保存到磁盘上加以固化,持久化的实现过程大多通过各种关系数据库来完成。

(2) 持久层：把数据库实现当作一个独立逻辑拿出来，即数据库程序是在内存中的，为了使程序运行结束后的状态得以保存，就要将其保存到数据库中。持久层是在系统逻辑层面上，专注于实现数据持久化的一个相对独立的领域。

持久层的目的是通过持久层的框架将数据库存储服务从服务层中分离出来，而Hibernate是目前最流行的持久层框架。在Spring框架中整合Hibernate的开发流程，主要分为以下5步：

(1) 创建Hibernate的配置文件。该文件负责初始化Hibernate配置，包括数据库配置和映射文件的配置。

(2) 创建Hibernate的映射文件。每一个数据表对应一个映射文件，该文件描述了数据库中表的信息，也描述了对应的持久化类的信息。

(3) 创建持久化类。每一个类对应于数据库表，通过映射文件进行关联。

(4) 编写DAO层。通过Hibernate API编写访问数据库的代码。

(5) 编写Service层。编写业务层实现，调用DAO层类代码。

10.4.2 Hibernate工作原理

如果不使用Hiberante进行持久层开发，就会存在很多冗余。例如，各种JDBC语句、connection的管理等。所以，Hibernate将JDBC进行了封装。

典型的3层架构：表示层、业务层和持久层。Hiberante也是持久层的框架，而且持久层的框架还有很多，例如，IBatis、Nhibernate、JDO、OJB和EJB等。

图10-15给出了Hibernate工作原理。在图10-15中可以看出Hibernate的6个核心接口以及它们之间的关系。

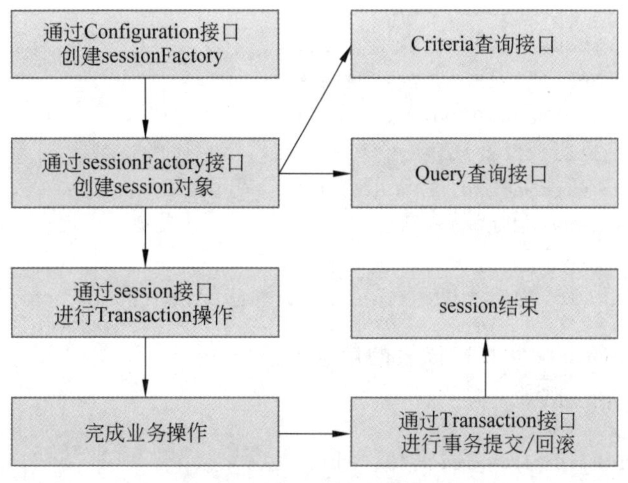

图10-15 Hibernate工作原理

(1) Configuration 接口：负责配置并启动 Hibernate,创建 sessionFactory。

(2) sessionFactory 接口：负责初始化 Hibernate,创建 session 对象。

(3) session 接口：负责持久化对象的 CRUD 操作。

(4) Transaction 接口：负责事物相关的操作。

(5) Query 接口和 Criteria 接口：负责执行各种数据库查询。

Hibernate 工作过程可分为如下步骤：

(1) 通过 Configuration config＝new Configuration(). configure()语句读取并解析 hibernate. cfg. xml 配置文件。

(2) 由 hibernate. cfg. xml 中的配置信息或者根据注解读取并解析映射信息。

(3) 通过 sessionFactory sf＝config. buildSessionFactory()语句创建 sessionFactory。

(4) 通过 Session session＝sf. openSession()语句打开 sesssion。

(5) 由 Transaction tx＝session. beginTransaction()语句创建并启动事务 Transation。

(6) 由 persistent operate 操作数据,持久化操作。

(7) 通过 tx. commit()方法提交事务。

(8) 关闭 session。

(9) 关闭 sesstionFactory。

10.4.3 Hibernate 应用示例

在本节中,应用 Hibernate 框架实现对数据库中图书表信息的显示。

图书表结构信息代码如下所示：

```
CREATE TABLE 'tb_book'(
  'book_id' int(11)NOT NULL AUTO_INCREMENT,
  'type_id' int(11)DEFAULT NULL,
  'book_name' varchar(200)DEFAULT NULL,
  'book_price' decimal(10,2)DEFAULT NULL,
  'publishing' varchar(200)DEFAULT NULL,
  'repository' int(11)DEFAULT NULL,
  'book_author' varchar(50)DEFAULT NULL,
  'ISBN' varchar(50)DEFAULT NULL,
  PRIMARY KEY('book_id'),
)ENGINE=InnoDB AUTO_INCREMENT=1 DEFAULT CHARSET=utf8mb4 COMMENT='图书表';
```

下面将利用 Hibernate 实现对该表的信息的读取。

1) hibernate. cfg. xml

```
<?xml version="1.0" encoding="UTF-8"?>
<!DOCTYPE hibernate-configuration PUBLIC
      "-//Hibernate/Hibernate Configuration DTD 3.0//EN"
```

```
        "http://www.hibernate.org/dtd/hibernate-configuration-3.0.dtd">
<hibernate-configuration>
    <session-factory>
        <property name="connection.driver_class">
            com.mysql.jdbc.Driver
        </property>
        <property name="connection.url">
            jdbc:mysql://127.0.0.1:3306/ssh
        </property>
        <property name="connection.username">root</property>
        <property name="connection.password">mysql</property>
        <property name="dialect">
            org.hibernate.dialect.MySQLDialect
        </property>
        <!--是否在后台显示 Hibernate 用到的 SQL 语句-->
        <property name="hibernate.show_sql">true </property>
        <!--连接数据库时是否使用 Unicode 编码 -->
        <property name="connection.useUnicode">true</property>
        <!--连接数据库时数据的传输字符集编码方式 -->
        <property name="connection.characterEncoding">utf-8</property>
        <mapping resource="Book.hbm.xml" />
    </session-factory>
</hibernate-configuration>
```

基于 IDEA 开发工具的 Hibernate 配置文件放置在 resources 文件夹中，配置文件中定义了数据库连接的基本信息，以及图书信息的映射文件 Book. hbm. xml。

2) Book. hbm. xml

```
<?xml version="1.0" encoding="utf-8"?>
<!DOCTYPE hibernate-mapping PUBLIC "-//Hibernate/Hibernate Mapping DTD 3.0//EN" "
http://hibernate.sourceforge.net/hibernate-mapping-3.0.dtd">
<hibernate-mapping package="com.jsp.demo.model">
    <!--name 指的是 POJO 类的类名,table 是表名,catalog 是数据库的名称-->
    <class name="com.jsp.demo.model.Book" table="tb_book" catalog="ssh">
        <!--id 表示此字段为数据库的主键,type 为类型的包全名  -->
        <id name="bookId" type="java.lang.Integer">
            <!--column 表示映射的数据库的字段,name 表示数据库中的字段名-->
            <column name="book_id"></column>
            <generator class="assigned"></generator>
        </id>
        <property name="typeId" type="java.lang.Integer">
            <column name="type_id" />
        </property>
        <property name="bookName" type="java.lang.String">
            <column name="book_name" length="200" />
```

```
        </property>
        <property name="bookPrice" type="java.math.BigDecimal">
            <column name="book_price" />
        </property>
        <property name="publishing" type="java.lang.String">
            <column name="publishing" length="200" />
        </property>
        <property name="repository" type="java.lang.Integer">
            <column name="repository" />
        </property>
        <property name="bookAuthor" type="java.lang.String">
            <column name="book_author" length="50" />
        </property>
        <property name="isbn" type="java.lang.String">
            <column name="ISBN" length="50" />
        </property>
    </class>
</hibernate-mapping>
```

该文件与 hibernate. cfg. xml 放置在项目的目录下，利用该映射文件实现 Java 对象类与数据库表的对应关系，从而实现 Hibernate 中面向对象的数据查询语句(HQL)，具体内容可参见配置文件中的注释内容，在第 11 章的图书信息模块中将采用注解的方式实现Java 实体对象与数据库表的映射。

3) Book. java

```
package com.jsp.demo.model;
import java.io.Serializable;
import java.math.BigDecimal;
public class Book implements Serializable {
    private Integer bookId;
    private Integer typeId;
    private String bookName;
    private BigDecimal bookPrice;
    private String publishing;
    private Integer repository;
    private String bookAuthor;
    private String isbn;
    public Integer getBookId(){
        return bookId;
    }
    public void setBookId(Integer bookId){
        this.bookId=bookId;
    }
    public Integer getTypeId(){
```

```
        return typeId;
    }
    public void setTypeId(Integer typeId){
        this.typeId=typeId;
    }
    public String getBookName(){
        return bookName;
    }
    public void setBookName(String bookName){
        this.bookName=bookName;
    }
    public BigDecimal getBookPrice(){
        return bookPrice;
    }
    public void setBookPrice(BigDecimal bookPrice){
        this.bookPrice=bookPrice;
    }
    public String getPublishing(){
        return publishing;
    }
    public void setPublishing(String publishing){
        this.publishing=publishing;
    }
    public Integer getRepository(){
        return repository;
    }
    public void setRepository(Integer repository){
        this.repository=repository;
    }
    public String getBookAuthor(){
        return bookAuthor;
    }
    public void setBookAuthor(String bookAuthor){
        this.bookAuthor=bookAuthor;
    }
    public String getIsbn(){
        return isbn;
    }
    public void setIsbn(String isbn){
        this.isbn=isbn;
    }
    @Override
    public String toString(){
        return "Book [ID="+bookId+",书名="+bookName+", 价格="+
                        bookPrice+",出版社="+publishing+", 库存="+repository
                        +", 作者="+bookAuthor+", ISBN="+isbn+"]";
```

```
    }
}
```

图书信息表所对应的 Java 对象,在对象中重载了 toString 方法用于图书信息的展示。该类所在路径可参见上述代码的包路径。

4) HibernateSessionFactory. java

```
package com.jsp.demo.repository;
import org.hibernate.HibernateException;
import org.hibernate.Session;
import org.hibernate.SessionFactory;
import org.hibernate.cfg.Configuration;
public class HibernateSessionFactory {
    private static String configFile="/hibernate.cfg.xml";
    private static Configuration config=new Configuration();
    private static SessionFactory sessionFactory=null;
    private static final ThreadLocal<Session>t=new ThreadLocal<Session>();
    static {
        try {
            config.configure(configFile);
            sessionFactory=config.buildSessionFactory();
        } catch(HibernateException e){
            e.printStackTrace();
        }
    }
    public static Session getSession()throws HibernateException {
        Session session=t.get();
        if(session ==null || !session.isOpen()){
            if(sessionFactory ==null){
                rebuildSessionFactory();
            }
            session=(sessionFactory !=null)?sessionFactory.openSession(): null;
            t.set(session);
        }
        return session;
    }
    private static void rebuildSessionFactory(){
        try {
            config.configure(configFile);
            sessionFactory=config.buildSessionFactory();
        } catch(HibernateException e){
            e.printStackTrace();
        }
    }
    public static void closeSession()throws HibernateException {
        Session session=t.get();
        t.set(null);
```

```
        if(session !=null){
            session.close();
        }
    }
}
```

基于 Hibernate 的数据库连接类,实现了数据库连接的获取、打开与关闭操作。

5) HibernateDemo.java

```
package com.jsp.demo.repository;
import com.jsp.demo.model.Book;
import org.hibernate.Session;
import org.hibernate.query.Query;
import java.util.List;

public class HibernateDemo {
    public static void main(String args[]){
        Session s=HibernateSessionFactory.getSession();
        Query query=s.createQuery("from Book");
        List<Book>listBook=query.list();
        HibernateSessionFactory.closeSession();
        for(Book book : listBook){
            System.out.println(book.toString());
        }
    }
}
```

该测试类利用 Hibernate 框架来读取图书信息表的所有记录信息,并显示到控制台上。查询语句采用的是面向对象的 HQL 语句 s.createQuery("from Book"),将 Book 实体类作为操作对象,程序的运行结果如图 10-16 所示。

```
Book [ID=1, 书名=毛泽东思想概论, 价格=32.23, 出版社=电子出版社, 库存=200, 作者=赵树人, ISBN=978-7-111]
Book [ID=21, 书名=嵌入式系统, 价格=53.30, 出版社=清华大学出版社, 库存=230, 作者=张德龙, ISBN=978-7-302]
Book [ID=49, 书名=数据库原理, 价格=50.00, 出版社=中国人民大学出版社, 库存=200, 作者=王珊，萨师煊, ISBN=11-55-333]
Book [ID=50, 书名=WEB程序设计JSP, 价格=40.00, 出版社=清华大学出版社, 库存=500, 作者=汪诚波, ISBN=978-07941]
Book [ID=55, 书名=C语言程序设计, 价格=40.21, 出版社=人民邮电出版社, 库存=1000, 作者=谭浩强, ISBN=11-22-333]
Book [ID=56, 书名=中国近代史, 价格=38.91, 出版社=机械工业出版社, 库存=100, 作者=王东强, ISBN=11-22-444]
```

图 10-16　基于 Hibernate 框架读取到的图书信息表的所有记录信息

10.5 本章小结

本章从理论角度首先描述了 Spring 框架的核心功能,详细讲解了依赖注入与面向切面编程的基本概念及应用场景,并以此为基础介绍了 Spring MVC 和 Hibernate 持久层框架的相关知识,从而为构建基于控制层、业务逻辑层和数据持久层的 Web 项目打下良好的基础。

第 11 章　基于 SSH 的图书管理模块设计与实现

本章主要描述网上书店系统中图书管理模块的开发流程，按照需求分析、系统设计、数据库设计和软件开发等步骤逐一完成。本章主要讨论 Spring MVC＋Spring＋Hibernate 框架的整合问题，并在此基础上完成图书信息管理模块的增加、删除、修改、查询功能。本章还将分析控制层、业务逻辑层、数据持久层和界面 UI 的关键代码，说明依赖注入、面向切面编程等技术的具体实现方式。

11.1 需求分析与系统设计

本章以网上书店的图书管理模块为例，对其进行设计与实现。该系统是便于图书经销商与购买者之间进行交易的 B2C 网络平台，主要有访客、会员、图书经销商和管理员 4 种用户。系统需要实现：①访客浏览和检索图书；②访客注册成为会员之后，可以修改个人信息、提交订单和购买图书；③图书经销商可以管理图书和订单信息；④管理员可以管理会员、图书经销商、图书和订单信息。本章着重介绍图书管理模块，详细说明该模块的具体实现。

11.1.1 需求功能说明

图书管理模块主要实现图书信息的增加、删除、修改、查询功能，图书信息管理模块所对应的图书表结构如图 11-1 所示，图书 ID 为主键，设置为自动递增。

图书表-概念模型

#	图书ID	Integer
o	图书名称	Variable characters (200)
o	图书价格	Decimal
o	出版社	Variable characters (200)
o	库存数量	Integer
o	图书作者	Variable characters (50)
o	ISBN编号	Variable characters (50)

图书表-逻辑模型

#	图书ID	Integer
o	图书名称	Variable characters (200)
o	图书价格	Decimal
o	出版社	Variable characters (200)
o	库存数量	Integer
o	图书作者	Variable characters (50)
o	ISBN编号	Variable characters (50)

图书表-物理模型

图书ID	int	<pk>
图书名称	varchar(200)	
图书价格	decimal	
出版社	varchar(200)	
库存数量	int	
图书作者	varchar(50)	
ISBN编号	varchar(50)	

图 11-1　图书信息管理模块所对应的表结构

除了图书信息管理功能之外，本模块还整合了基于Log4j的系统日志，并利用AOP来灵活实现对图书信息的操作日志记录功能。

11.1.2 技术方案

图书管理模块后台采用Spring MVC＋Spring＋Hibernate(即SSH)框架实现，前端主要采用JQuery＋Bootstrap完成，数据表格使用了jqGrid插件。网页前端与服务器后台通过JSON数据格式进行通信，Spring MVC主要负责参数接收、结果返回和访问路径控制，Spring负责提供依赖注入与面向切面编程功能，Hibernate完成对数据的持久化操作。系统的整体架构与功能模块如图11-2所示。项目采用MySQL数据库进行数据存储，后台遵循基于控制层、业务逻辑层和数据持久层的3层体系架构。

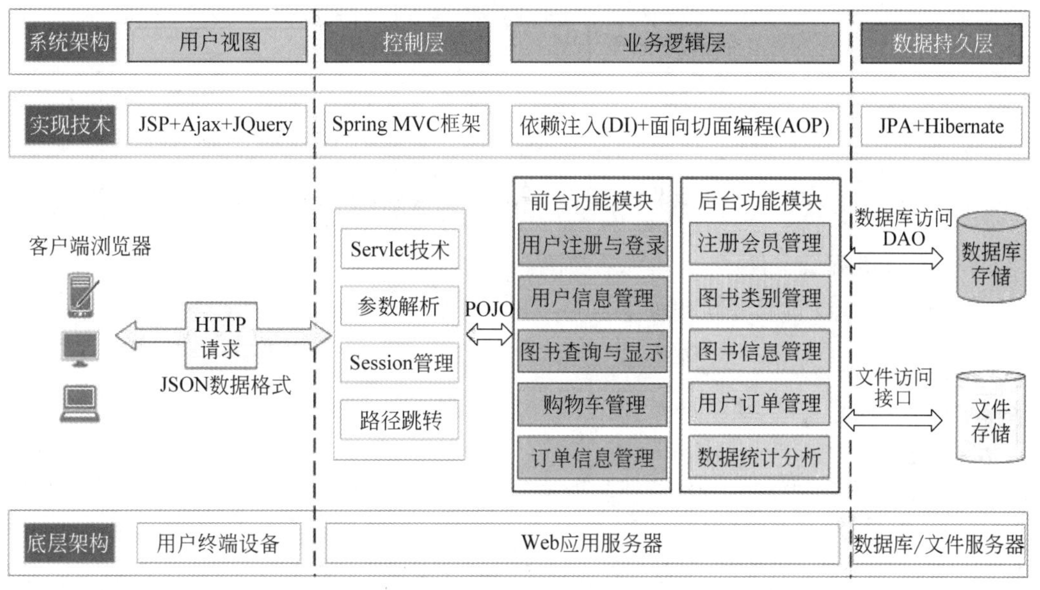

图11-2 系统的整体架构与功能模块

11.1.3 SSH框架整合

基于IDEA开发工具的网上书店项目整体结构如图11-3所示，前端页面及所需插件分别放置在图下方的webapp/webpage和webapp/plugin文件夹中，后端代码放置在图上方的java文件夹中，框架的配置文件则放置在resources/conf文件夹中。为了实现Spring MVC＋Spring＋Hibernate框架的整合，首先需要导入3个框架所依赖的jar包；除此之外，项目还涉及JSON格式解析、Log4j日志记录所需的jar包，项目的包管理通过maven来完成，详细信息见pom.xml配置文件。

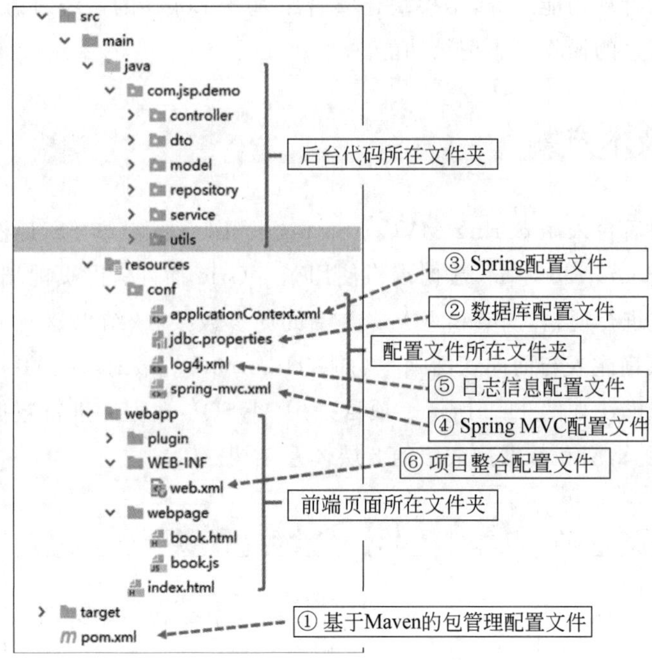

图 11-3　基于 IDEA 开发工具的网上书店项目整体结构图

1）pom. xml 配置文件

pom. xml 配置文件参考代码如下：

```
<dependencies>
    <!--mysql 数据库驱动 -->
    <dependency>
      <groupId>mysql</groupId>
      <artifactId>mysql-connector-java</artifactId>
      <version>5.1.43</version>
    </dependency>
    <!--hibernate 核心包 -->
    <dependency>
      <groupId>org.hibernate</groupId>
      <artifactId>hibernate-core</artifactId>
      <version>5.2.12.Final</version>
    </dependency>
    <!--hibernate-c3p0 -->
    <dependency>
      <groupId>org.hibernate</groupId>
      <artifactId>hibernate-c3p0</artifactId>
      <version>5.2.12.Final</version>
    </dependency>
    <!--spring 基本包 -->
```

```
<dependency>
  <groupId>org.springframework</groupId>
  <artifactId>spring-context</artifactId>
  <version>4.3.12.RELEASE</version>
</dependency>
<!--spring持久化包 -->
<dependency>
  <groupId>org.springframework</groupId>
  <artifactId>spring-orm</artifactId>
  <version>4.3.12.RELEASE</version>
</dependency>
<!--spring-web -->
<dependency>
  <groupId>org.springframework</groupId>
  <artifactId>spring-web</artifactId>
  <version>4.3.12.RELEASE</version>
</dependency>
<!--spring-MVC -->
<dependency>
  <groupId>org.springframework</groupId>
  <artifactId>spring-webmvc</artifactId>
  <version>4.3.12.RELEASE</version>
</dependency>
<!--spring-aop -->
<dependency>
  <groupId>org.springframework</groupId>
  <artifactId>spring-aop</artifactId>
  <version>4.3.12.RELEASE</version>
</dependency>
<dependency>
  <groupId>org.springframework</groupId>
  <artifactId>spring-aspects</artifactId>
  <version>4.3.12.RELEASE</version>
</dependency>
<!--spring-aop-aspectj -->
<dependency>
  <groupId>aspectj</groupId>
  <artifactId>aspectjrt</artifactId>
  <version>1.5.3</version>
</dependency>
<dependency>
  <groupId>org.aspectj</groupId>
  <artifactId>aspectjweaver</artifactId>
  <version>1.8.10</version>
```

```
    </dependency>
    <!--json 解析工具 -->
    <dependency>
      <groupId>com.fasterxml.jackson.core</groupId>
      <artifactId>jackson-core</artifactId>
      <version>2.8.9</version>
    </dependency>
    <!--json 解析工具 -->
    <dependency>
      <groupId>com.fasterxml.jackson.core</groupId>
      <artifactId>jackson-databind</artifactId>
      <version2.8.9</version>
    </dependency>
    <!--json 解析工具 -->
    <dependency>
      <groupId>com.fasterxml.jackson.core</groupId>
      <artifactId>jackson-annotations</artifactId>
      <version>2.8.9</version>
    </dependency>
    <!--Log4j -->
    <dependency>
      <groupId>org.slf4j</groupId>
      <artifactId>slf4j-log4j12</artifactId>
      <version>1.7.21</version>
    </dependency>
  </dependencies>
```

该配置文件主要完成基于 Maven 的 jar 包管理,在实际开发中需要注意各 jar 包版本的兼容性。如上述配置文件所描述,数据库连接池采用了 c3p0,JSON 格式解析工具使用了 jackson,系统日志记录由 Log4j 完成。

2) jdbc. properties

数据库连接池配置文件 jdbc. properties 代码如下：

```
######mysql 数据库连接池配置 #######
jdbc.driverClassName=com.mysql.jdbc.Driver
jdbc.url=jdbc:mysql://127.0.0.1:3306/ssh?useUnicode=true&characterEncoding=utf
-8&useSSL=true
jdbc.username=root
jdbc.password=mysql
###连接池中保留的最小连接数。Default: 3
connection.minPoolSize=1
###连接池中保留的最大连接数。Default: 15
connection.maxPoolSize=10
###初始化时获取的连接数,取值应为 minPoolSize~maxPoolSize。Default: 3
```

```
connection.initialPoolSize=2
###当连接池中的连接耗尽时 c3p0 一次同时获取的连接数。Default: 3
connection.acquireIncrement=2
###定义在从数据库获取新连接失败后重复尝试的次数。Default: 30
connection.acquireRetryAttempts=10
connection.acquireRetryDelay=1000
###最大空闲时间,60 秒内未使用则连接被丢弃。若为 0,则永不丢弃。Default: 0
connection.maxIdleTime=60
###每 60 秒检查所有连接池中的空闲连接。Default: 0
connection.idleConnectionTestPeriod=60
connection.maxStatements=0
connection.maxStatementsPerConnection=0
```

该配置文件主要定义了数据库连接的基本信息,以及基于 c3p0 数据库连接池的参数信息,该配置文件被 applicationContext. xml 配置文件调用。

3) applicationContext. xml

applicationContext. xml 配置文件代码如下:

```
<?xml version="1.0" encoding="UTF-8"?>
<beansxmlns="http://www.springframework.org/schema/beans"
     xmlns:xsi="http://www.w3.org/2001/XMLSchema-instance"
     xmlns:context="http://www.springframework.org/schema/context"
     xmlns:tx="http://www.springframework.org/schema/tx"
     xsi:schemaLocation="http://www.springframework.org/schema/beans
       http://www.springframework.org/schema/beans/spring-beans.xsd
       http://www.springframework.org/schema/context
       http://www.springframework.org/schema/context/spring-context.xsd
       http://www.springframework.org/schema/tx
       http://www.springframework.org/schema/tx/spring-tx.xsd">
    <!--设置 Spring 支持注解方式 -->
    <context:annotation-config/>
    <!--设置项目类包的根目录 -->
    <context:component-scan base-package="com.jsp.demo"/>
    <!--获取 MySQL 数据库连接池配置信息 -->
    <beanclass="org.springframework.beans.factory.config.
    PropertyPlaceholderConfigurer">
        <property name="locations">
            <value>classpath:conf/jdbc.properties</value>
        </property>
    </bean>
    <!--配置 c3p0 数据源连接池 -->
    <bean id="dataSource" class="com.mchange.v2.c3p0.ComboPooledDataSource"
    destroy-method="close">
        <property name="driverClass" value="${jdbc.driverClassName}"/>
```

```
    <property name="jdbcUrl" value="${jdbc.url}"/>
    <property name="user" value="${jdbc.username}"/>
    <property name="password" value="${jdbc.password}"/>
    <property name="initialPoolSize" value="${connection.initialPoolSize}"/>
    <property name="minPoolSize" value="${connection.minPoolSize}"/>
    <property name="maxPoolSize" value="${connection.maxPoolSize}"/>
    <property name="acquireIncrement" value="${connection.
    acquireIncrement}"/>
    <property name="acquireRetryAttempts" value="${connection.
    acquireRetryAttempts}"/>
    <property name="acquireRetryDelay" value="${connection.
    acquireRetryDelay}"/>
    <property name="maxIdleTime" value="${connection.maxIdleTime}"/>
    <property name="idleConnectionTestPeriod" value="${connection.
    idleConnectionTestPeriod}"/>
    <property name="maxStatements" value="${connection.maxStatements}"/>
    <property name="maxStatementsPerConnection" value="${connection.
    maxStatementsPerConnection}"/>
    <property name="preferredTestQuery" value="select 1"/>
    <property name="breakAfterAcquireFailure" value="true"/>
    <property name="testConnectionOnCheckout" value="false"/>
</bean>
<!--配置 Hibernate 的 session 工厂 sessionFactory-->
<bean id="sessionFactory" class="org.springframework.orm.hibernate5.
LocalSessionFactoryBean">
    <property name="dataSource" ref="dataSource" />
    <property name="hibernateProperties">
        <props>
            <prop key="hibernate.show_sql">true</prop>
            <prop key="hibernate.format_sql">false</prop>
            <prop key="current_session_context_class">thread</prop>
        </props>
    </property>
    <!--注解扫描的包 -->
    <property name="packagesToScan">
        <list>
            <value>com.jsp.demo.model</value>
        </list>
    </property>
</bean>
<!--配置事务管理 -->
<bean id="transactionManager" class="org.springframework.orm.hibernate5.
HibernateTransactionManager">
    <property name="sessionFactory" ref="sessionFactory" />
```

```
    </bean>
    <!--启动 spring 事务注解功能 -->
    <tx:annotation-driven transaction-manager="transactionManager" />
</beans>
```

配置文件 ApplicationContext. xml 是 Spring 的默认配置文件，当容器启动时找不到指定的配置文档时，将会尝试加载这个默认的配置文件。该配置文件是用于指导 Spring 工厂进行 Bean 生产、依赖关系注入及 Bean 实例分发的“图纸”。ApplicationContext 容器实例化后会自动对所有的单实例 Bean 进行实例化与依赖关系的装配，使之处于待用状态，然后通过 getBean()方法从 ApplicationContext 容器中获取装配好的 Bean 实例以供使用。本项目中，该配置文件整合了 c3p0 数据库连接池和 Hibernate 持久层框架，提供了用于数据库操作的 sessionFactory 实例，同时也对数据库的事务管理、依赖注入和注解支持等信息进行了相应的配置。项目启动时，在 Web. xml 配置文件中调用该配置文件。

4) spring-mvc. xml

spring-mvc. xml 配置文件代码如下：

```
<?xml version="1.0" encoding="UTF-8"?>
<beansxmlns="http://www.springframework.org/schema/beans"
     xmlns:xsi="http://www.w3.org/2001/XMLSchema-instance"
     xmlns:context="http://www.springframework.org/schema/context"
     xmlns:mvc="http://www.springframework.org/schema/mvc"
     xmlns:aop="http://www.springframework.org/schema/aop"
     xsi:schemaLocation="http://www.springframework.org/schema/beans
        http://www.springframework.org/schema/beans/spring-beans-4.3.xsd
        http://www.springframework.org/schema/context
        http://www.springframework.org/schema/context/spring-context-4.3.xsd
        http://www.springframework.org/schema/mvc
        http://www.springframework.org/schema/mvc/spring-mvc-4.3.xsd
        http://www.springframework.org/schema/aop
        http://www.springframework.org/schema/aop/spring-aop.xsd">
   <!--指明 controller 所在包,并扫描其中的注解-->
   <context:component-scan base-package="com.jsp.demo.controller"/>
   <!--开启 AOP 拦截 -->
   <aop:aspectj-autoproxy proxy-target-class="true"/>
   <mvc:annotation-driven />
   <!--定义 Spring 描述 Bean 的范围  -->
   <context:component-scan base-package="com.jsp.demo.utils" >
      <context: include - filter type =" annotation " expression =" org.
      springframework.stereotype.Controller"/>
   </context:component-scan>
   <!--允许对静态资源(js、image 等)的访问 -->
   <mvc:default-servlet-handler/>
</beans>
```

该文件用于 Spring MVC 框架的相关配置，定义了控制层包的路径以及面向切面编程的相关信息。该文件也会在项目启动时被 Web. xml 调用。

5）Log4j. xml

Log4j. xml 配置文件的代码如下：

```
<?xml version="1.0" encoding="GB2312" ?>
<!DOCTYPE log4j:configuration SYSTEM "http://logging.apache.org/log4j/1.2/
apidocs/org/apache/log4j/xml/doc-files/log4j.dtd">
<log4j:configuration debug="true">
   <!--将日志信息输出到控制台-->
   <appender name="CONSOLE" class="org.apache.log4j.ConsoleAppender">
      <!--设置日志输出的样式-->
      <layout class="org.apache.log4j.PatternLayout">
         <param name="ConversionPattern" value="%d{yyyy-MM-dd HH:mm:ss:SSS}
         %l %m%n"/>
      </layout>
      <!--过滤器设置输出的级别-->
      <filter class="org.apache.log4j.varia.LevelRangeFilter">
         <!--设置日志输出的最小级别-->
         <param name="levelMin" value="DEBUG" />
         <!--设置日志输出的最大级别-->
         <param name="levelMax" value="ERROR" />
         <!--设置日志输出的 xxx,默认是 false-->
         <param name="AcceptOnMatch" value="true" />
      </filter>
   </appender>
   <!--根 logger 的设置-->
   <root>
      <priority value="DEBUG"/>
      <appender-ref ref="CONSOLE"/>
   </root>
</log4j:configuration>
```

系统日志配置文件 Log4j. xml 定义了日志信息的显示位置，以及信息的输出级别信息。

6）Web. xml

Web. xml 配置文件的代码如下：

```
<?xml version="1.0" encoding="UTF-8"?>
<web-appxmlns=http://xmlns.jcp.org/xml/ns/javaee
      xmlns:xsi="http://www.w3.org/2001/XMLSchema-instance"
      xsi:schemaLocation=http://xmlns.jcp.org/xml/ns/javaee
      http://xmlns.jcp.org/xml/ns/javaee/web-app_3_1.xsd version="3.1">
  <display-name>ssh</display-name>
  <context-param>
```

```
    <param-name>webAppRootKey</param-name>
    <param-value>ssh</param-value>
  </context-param>
  <!--默认欢迎页面 -->
  <welcome-file-list>
    <welcome-file>index.html</welcome-file>
  </welcome-file-list>
  <!--加载 Log4j 配置 -->
  <context-param>
    <param-name>log4jConfigLocation</param-name>
    <param-value>classpath:conf/log4j.xml</param-value>
  </context-param>
  <!--定义 Log4j 监听器 -->
  <listener>
    <listener-class>org.springframework.web.util.Log4jConfigListener</listener-
class>
  </listener>
  <!--加载 Spring 的 xml 配置文件到 Spring 的上下文容器中 -->
  <context-param>
    <param-name>contextConfigLocation</param-name>
    <param-value>classpath:conf/applicationContext.xml</param-value>
  </context-param>
  <filter>
    <filter-name>SpringOpenSessionInViewFilter</filter-name>
    < filter - class > org. springframework. orm. hibernate5. support.
OpenSessionInViewFilter</filter-class>
  </filter>
  <filter-mapping>
    <filter-name>SpringOpenSessionInViewFilter</filter-name>
    <url-pattern>/*</url-pattern>
  </filter-mapping>
  <!--加载 Spring 监听 -->
  <listener>
    <listener-class>
      org.springframework.web.context.ContextLoaderListener
    </listener-class>
  </listener>
  <!--配置 Spring MVC -->
  <servlet>
    <servlet-name>SpringMVC</servlet-name>
    <servlet-class>org.springframework.web.servlet.DispatcherServlet
    </servlet-class>
    <init-param>
      <param-name>contextConfigLocation</param-name>
```

```
      <param-value>classpath:conf/spring-mvc.xml</param-value>
    </init-param>
    <load-on-startup>0</load-on-startup>
  </servlet>
  <servlet-mapping>
    <servlet-name>SpringMVC</servlet-name>
    <url-pattern>/</url-pattern>
  </servlet-mapping>
  <!--设置 session 的超时时间 -->
  <session-config>
    <session-timeout>30</session-timeout>
  </session-config>
</web-app>
```

该文件是项目的全局配置文件，完成了对系统日志框架、Spring 框架和 Spring MVC 框架的整合，项目开发时需要注意各框架的配置顺序，否则会出现错误或异常警告。

如果上述配置信息准确无误，后台相应的包路径也已经创建完成（项目启动时会根据配置信息进行包扫描），项目则可以顺利启动。

 11.2 业务层的设计与实现

11.2.1 设计原则

UML 类图(Class Diagram)是描述类、接口、协作以及它们之间关系的图，用来显示系统中各个类的静态结构。UML 类图是定义其他图的基础，在 UML 类图的基础上，可以使用状态图、协作图、组件图和配置图等进一步描述系统其他方面的特性。通过类图，能够把系统中的各个类(即对象)描述清楚，下一步可以按照详细设计的类图进行编码。

本系统中的类图采用"一表一服务"的设计理念，数据库中的每一个关系表对应一系列 Java 对象类。例如，针对图书表，图书管理模块业务逻辑层类图如图 11-4 所示。数据持久层 BookRepository 接口类，负责对图书信息进行操作；业务逻辑层分为接口类 BookService 和实现类 BookServiceImpl，负责处理图书相关的业务需求，并将 BookRepository 类进行依赖注入；控制层 BookController 类负责参数接收、页面跳转和数据结果返回，并将 BookService 类进行依赖注入。

在业务逻辑层中，为了实现对图书信息的管理，在 BookService 接口类中共设计了 4 个方法，分别用来实现图书信息的展示、添加、编辑和删除，并且通过 BookServiceImpl 类对接口进行实现。

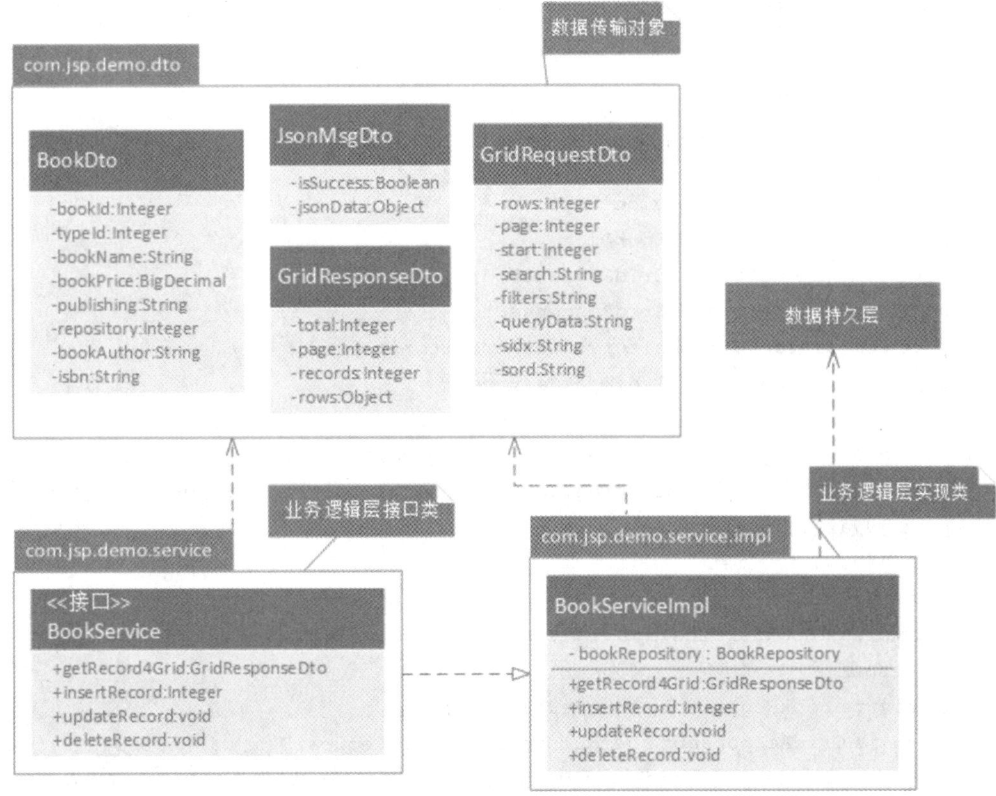

图 11-4　图书管理模块业务逻辑层类图

11.2.2　具体实现

1）BookService.java

BookService.java 代码如下：

```
package com.jsp.demo.service;
import com.jsp.demo.dto.BookDto;
import com.jsp.demo.dto.GridRequestDto;
import com.jsp.demo.dto.GridResponseDto;
import java.util.List;
public interface BookService {
    //获取满足条件记录用于表格展示
    public GridResponseDto getRecord4Grid(GridRequestDto gridRequestDto);
    //插入图书记录
    public Integer insertRecord(BookDto bookDto);
    //更新图书记录
    public void updateRecord(BookDto bookDto);
    //删除图书记录
```

```
    public void deleteRecord(Integer id);
}
```

2）BookServiceImpl. java

BookServiceImpl. java 代码如下：

```
package com.jsp.demo.service.impl;
import com.jsp.demo.dto.BookDto;
import com.jsp.demo.dto.GridRequestDto;
import com.jsp.demo.dto.GridResponseDto;
import com.jsp.demo.repository.BookRepository;
import com.jsp.demo.service.BookService;
import org.springframework.beans.BeanUtils;
import org.springframework.stereotype.Service;
import org.springframework.transaction.annotation.Transactional;
import javax.annotation.Resource;
import java.util.List;
@Service
public class BookServiceImpl implements BookService {
    @Resource
    private BookRepository bookRepository;
    public GridResponseDto getRecord4Grid(GridRequestDto gridRequestDto){
        Integer start =gridRequestDto.getRows() * (gridRequestDto.getPage()-1);
        List<BookDto>listProvinceDto=
        bookRepository.getRecord4Grid(gridRequestDto.getQueryData(), start,
        gridRequestDto.getRows());
    Integer count = bookRepository. getRecordCount4Grid ( gridRequestDto.
    getQueryData());
    return new GridResponseDto(gridRequestDto.getRows(), gridRequestDto.getPage(),
    count, listProvinceDto);
    }
    @Transactional
    public Integer insertRecord(BookDto bookDto){
        com.jsp.demo.model.BookEntity bookEntity = new com.jsp.demo.model.
        BookEntity();
        BeanUtils.copyProperties(bookDto,bookEntity);
        return bookRepository.insertRecord(bookEntity);
    }
    @Transactional
    public void updateRecord(BookDto bookDto){
        com.jsp.demo.model.BookEntity bookEntity = bookRepository.getRecord
        (bookDto.getBookId());
        bookEntity.setTypeId(bookDto.getTypeId());
        bookEntity.setBookName(bookDto.getBookName());
        bookEntity.setBookPrice(bookDto.getBookPrice());
```

```
        bookEntity.setPublishing(bookDto.getPublishing());
        bookEntity.setRepository(bookDto.getRepository());
        bookEntity.setBookAuthor(bookDto.getBookAuthor());
        bookEntity.setIsbn(bookDto.getIsbn());
        bookRepository.updateRecord(bookEntity);
    }
    @Transactional
    public void deleteRecord(Integer bookId){
        com.jsp.demo.model.BookEntity bookEntity = new com.jsp.demo.model.
        BookEntity();
        bookEntity.setBookId(bookId);
        bookRepository.deleteRecord(bookEntity);
    }
}
```

在业务逻辑层的实现过程中，使用了几种数据传输对象，例如 GridRequestDto、BookDto 等，数据传输对象的具体实现可参照图 11-4 所示。上述代码中的@Transactional 注解表示该方法中所涉及的数据库操作以事务的方式执行，对于一种方法中包含多条数据库操作语句的情况，要么都执行，要么都不执行。通过在具体实现类上使用@Service 注解，Spring 会自动创建相应的 Spring Bean 对象，并注册到 ApplicationContext 上下文环境中，这些类就成了 Spring 受管组件。

 11.3 持久层的设计与实现

11.3.1 设计原则

数据持久层用于实现对数据库的具体操作，由于采用了 Hibernate 持久层框架，BookRepositoryImpl 类可以直接调用实例化的 sessionFactory 实现对图书信息的管理。Hibernate 框架利用 HQL 语言可以通过面向对象的方式实现对数据库表的操作，从而解决利用 SQL 语句操作数据库所导致的代码冗长问题。基于 Hibernate 框架，既可以使用 HQL 语句来提高开发效率，也可以继续使用 SQL 语句来提高数据操作的灵活性，可以根据实际情况来决定具体使用哪一种方式。数据持久层的每个方法可以供多个业务逻辑层的方法调用，所以应尽量保证每个方法的独立性，图书管理模块数据持久层类图如图 11-5 所示。

在数据持久层中，为了实现对图书信息的操作，在 BookRepository 接口类中共设计了 6 个方法，分别用来实现图书信息的获取、图书记录数量的获取、添加图书、编辑图书、根据图书 ID 获取图书记录和删除图书，并且通过 BookRepositoryImpl 类来对接口进行实现。

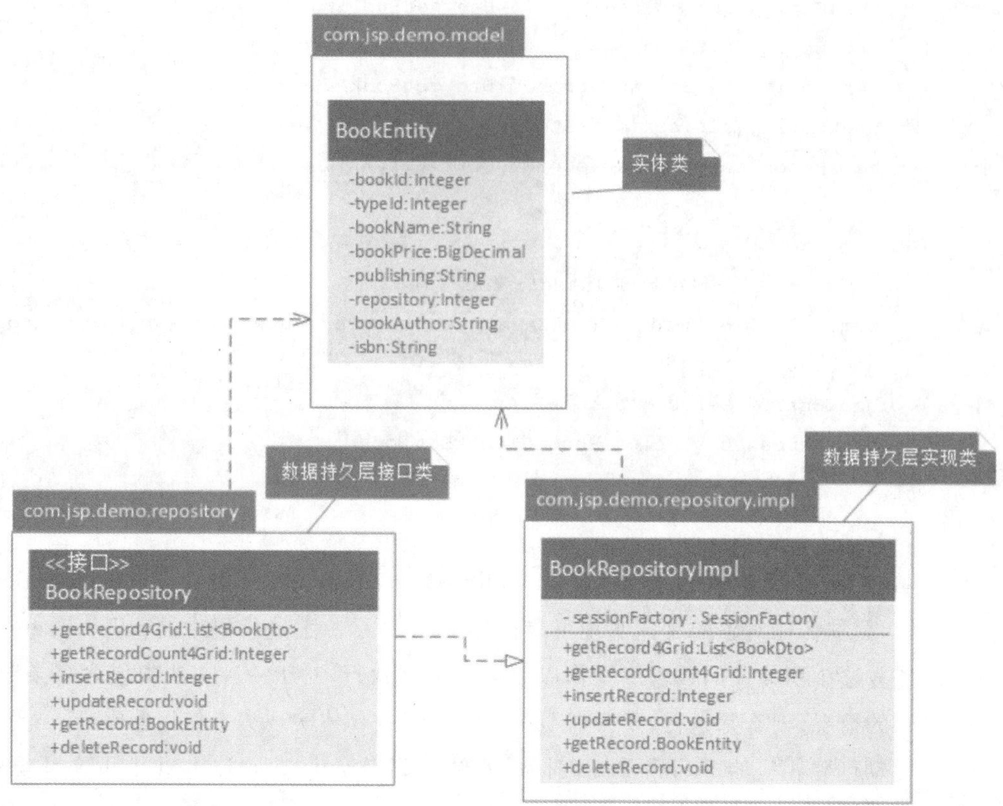

图 11-5　图书管理模块数据持久层类图

11.3.2　具体实现

1）BookRepository.java

BookRepository.java 代码如下：

```
package com.jsp.demo.repository;
import com.jsp.demo.dto.BookDto;
import com.jsp.demo.model.BookEntity;
import java.util.List;
public interface BookRepository {
    //获取满足条件记录用于表格展示
    public List< BookDto > getRecord4Grid(String search, Integer start, Integer
    length);
    //获取满足条件记录数量用于表格展示
    public Integer getRecordCount4Grid(String search);
    //插入记录
    public Integer insertRecord(BookEntity bookEntity);
    //更新记录
```

```
    public void updateRecord(BookEntity bookEntity);
    //根据 ID 得到记录
    public BookEntity getRecord(Integer id);
    //删除记录
    public void deleteRecord(BookEntity bookEntity);
}
```

2) BookRepositoryImpl. java

BookRepositoryImpl. java 代码如下：

```
package com.jsp.demo.repository.impl;
import com.jsp.demo.dto.BookDto;
import com.jsp.demo.model.BookEntity;
import com.jsp.demo.repository.BookRepository;
import org.hibernate.Session;
import org.hibernate.SessionFactory;
import org.hibernate.query.NativeQuery;
import org.hibernate.transform.Transformers;
import org.springframework.stereotype.Repository;
import javax.annotation.Resource;
import javax.persistence.Query;
import java.util.List;
@Repository
public class BookRepositoryImpl implements BookRepository {
    @Resource
    private SessionFactory sessionFactory;
    public List< BookDto > getRecord4Grid (String search, Integer start, Integer
    length){
        String sql=" select book.book_id as bookId, book.type_id as typeId, book.
        book_name as bookName, book.book_price as bookPrice, book.publishing as
        publishing, book.repository as repository, book.book_author as bookAuthor,
        book.ISBN as isbn from tb_book book";
        if(search !=null){
            sql +=" where "+search;
        }
        sql +=" order by book.book_id desc";
        Session session=sessionFactory.getCurrentSession();
        Query query =session.createNativeQuery(sql); query.unwrap(NativeQuery.
        class).setResultTransformer(Transformers.aliasToBean(BookDto.class));
        List < BookDto > listBooks = query. setFirstResult (start). setMaxResults
        (length).getResultList();
        return listBooks;
    }
    public Integer getRecordCount4Grid(String search){
        String sql="select count(*)from tb_book";
```

```
        if(search !=null){
            sql +=" where "+search;
        }
        Session session=sessionFactory.getCurrentSession();
        Query query=session.createNativeQuery(sql);
        Integer count=Integer.valueOf(query.getSingleResult().toString());
        return count;
    }
    public Integer insertRecord(com.jsp.demo.model.BookEntity bookDto){
        Session session=sessionFactory.getCurrentSession();
        return(Integer)session.save(bookDto);
    }
    public BookEntity getRecord(Integer bookId){
        Session session=sessionFactory.getCurrentSession();
        return session.get(BookEntity.class, bookId);
    }
    public void updateRecord(BookEntity bookEntity){
        Session session=sessionFactory.getCurrentSession();
        session.update(bookEntity);
    }
    public void deleteRecord(BookEntity bookEntity){
        Session session=sessionFactory.getCurrentSession();
        session.delete(bookEntity);
    }
}
```

在数据持久层的实现过程中，除了使用数据传输对象（如 BookDto）外，还使用了表所对应的实体类（如 BookEntity），可参照图 11-5，具体实现如下所示。在该实体类中通过相应的注解来实现 Java 对象与数据库表，以及相应字段的对应关系。@Repository 注解用于将数据持久层的类标识为 Spring Bean。

3）BookEntity.java

BookEntity.java 代码如下：

```
package com.jsp.demo.model;
import javax.persistence.*;
import java.io.Serializable;
import java.math.BigDecimal;
import static javax.persistence.GenerationType.IDENTITY;
@Entity
@Table(name="tb_book", schema="ssh", catalog="")
public class BookEntity implements Serializable {
    private Integer bookId;
    private Integer typeId;
    private String bookName;
```

```
private BigDecimal bookPrice;
private String publishing;
private Integer repository;
private String bookAuthor;
private String isbn;
@Id
@GeneratedValue(strategy=IDENTITY)
@Column(name="book_id")
public Integer getBookId(){
    return bookId;
}
public void setBookId(Integer bookId){
    this.bookId=bookId;
}
@Basic
@Column(name="type_id")
public Integer getTypeId(){
    return typeId;
}
public void setTypeId(Integer typeId){
    this.typeId=typeId;
}
@Basic
@Column(name="book_name")
public String getBookName(){
    return bookName;
}
public void setBookName(String bookName){
    this.bookName=bookName;
}
@Basic
@Column(name="book_price")
public BigDecimal getBookPrice(){
    return bookPrice;
}
public void setBookPrice(BigDecimal bookPrice){
    this.bookPrice=bookPrice;
}
@Basic
@Column(name="publishing")
public String getPublishing(){
    return publishing;
}
public void setPublishing(String publishing){
    this.publishing=publishing;
}
```

```
    @Basic
    @Column(name="repository")
    public Integer getRepository(){
        return repository;
    }
    public void setRepository(Integer repository){
        this.repository=repository;
    }
    @Basic
    @Column(name="book_author")
    public String getBookAuthor(){
        return bookAuthor;
    }
    public void setBookAuthor(String bookAuthor){
        this.bookAuthor=bookAuthor;
    }
    @Basic
    @Column(name="ISBN")
    public String getIsbn(){
        return isbn;
    }
    public void setIsbn(String isbn){
        this.isbn=isbn;
    }
}
```

11.3.3 Model 层与 DTO 层

DTO(Data Transfer Object)即数据传输对象,用于在框架中绑定表现层(页面)中的数据。表现层与应用层之间是通过 DTO 层进行交互的,其目的只是为了对领域对象进行数据封装,实现层与层之间的数据传递。因为领域对象更注重领域,而 DTO 更注重数据。不仅如此,由于"富领域模型"的特点,会直接将领域对象的行为暴露给表现层。需要注意的是,DTO 本身并不是业务对象。数据传输对象是根据 UI 的需求进行设计的,而不是根据领域对象进行设计的。例如,Customer 领域对象可能会包含一些诸如 FirstName、LastName、Email、Address 等信息。但是,如果 UI 上不打算显示 Address 的信息,那么 CustomerDTO 中也无须包含这个 Address 的数据。

简单地讲,Model 层面向业务,通过业务来定义 Model;而 DTO 层面向界面 UI,通过 UI 的需求来定义 Model。通过 DTO 层实现了表现层与 Model 之间的解耦,表现层不引用 Model,如果开发过程中模型改变了,而界面没变,只需要修改 Model 而不需要去修改表现层中的内容。

11.4 展示层及控制层的设计与实现

11.4.1 新书录入

1. 视图层

新书录入页面中首先通过 Ajax 封装好参数并提交请求，请求路径由 Spring MVC 负责解析，book. js 中请求的路径为/book/insertRecord，在 BookController. java 类中，首先通过类注解 @ RequestMapping ("/book") 解析一级路径 book，然后再通过方法的注解 @ RequestMapping(value="/insertRecord")解析二级路径，从而进一步获取提交的相关参数，该参数由 BookDto 整体接收。控制层进一步调用业务逻辑层的对应方法，直到数据持久层将新书信息保存到数据库。控制层的新书录入方法 insertRecord 返回值为 JsonMsgDto，该数据传输对象主要两个成员变量，一个是返回的标志位 isSuccess，类型为 Boolean 型；另一个是返回的数据对象 jsonData，类型为 Object。

新书录入视图层具体代码如下：

```
package com.jsp.demo.dto;
public class JsonMsgDto {
    private Boolean isSuccess;
    private Object jsonData;
    public JsonMsgDto(){
    }
    public JsonMsgDto(Boolean isSuccess, Object jsonData){
        this.isSuccess=isSuccess;
        this.jsonData=jsonData;
    }
    public Boolean getIsSuccess(){
        return isSuccess;
    }
    public void setIsSuccess(Boolean isSuccess){
        this.isSuccess=isSuccess;
    }
    public Object getJsonData(){
        return jsonData;
    }
    public void setJsonData(Object jsonData){
        this.jsonData=jsonData;
    }
}
```

该数据传输对象用于统一封装方法的返回值，从而实现数据返回结果格式的一致性。

新书录入功能代码的调用关系路径如图 11-6 所示。

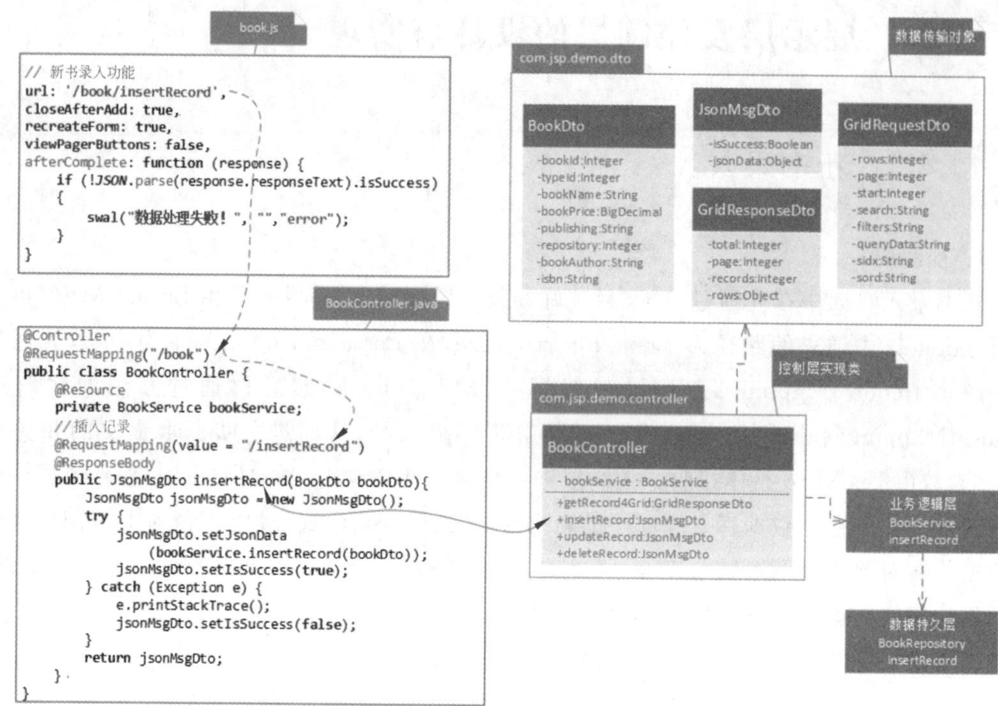

图 11-6　新书录入功能代码的调用关系路径

2. 控制层

图书管理模块的控制层代码如下所示：

```
package com.jsp.demo.controller;
import com.jsp.demo.dto.BookDto;
import com.jsp.demo.dto.GridRequestDto;
import com.jsp.demo.dto.GridResponseDto;
import com.jsp.demo.dto.JsonMsgDto;
import com.jsp.demo.service.BookService;
import com.jsp.demo.utils.SystemLog;
import org.springframework.stereotype.Controller;
import org.springframework.web.bind.annotation.RequestMapping;
import org.springframework.web.bind.annotation.ResponseBody;
import javax.annotation.Resource;
@Controller
@RequestMapping("/book")
public class BookController {
    @Resource
    private BookService bookService;
    //获取满足条件记录用于表格展示
    @RequestMapping(value="/getRecord4Grid")
```

```
@ResponseBody
public GridResponseDto getRecord4Grid(GridRequestDto gridRequestDto){
    GridResponseDto gridResponseDto=new GridResponseDto();
    try {
        gridResponseDto=bookService.getRecord4Grid(gridRequestDto);
    } catch(Exception e){
        e.printStackTrace();
    }
    return gridResponseDto;
}
//插入记录
@RequestMapping(value="/insertRecord")
@ResponseBody
public JsonMsgDto insertRecord(BookDto bookDto){
    JsonMsgDto jsonMsgDto=new JsonMsgDto();
    try {
        jsonMsgDto.setJsonData(bookService.insertRecord(bookDto));
        jsonMsgDto.setIsSuccess(true);
    } catch(Exception e){
        e.printStackTrace();
        jsonMsgDto.setIsSuccess(false);
    }
    return jsonMsgDto;
}
//更新记录
@RequestMapping(value="/updateRecord")
@ResponseBody
public JsonMsgDto updateRecord(BookDto bookDto){
    JsonMsgDto jsonMsgDto=new JsonMsgDto();
    try {
        bookService.updateRecord(bookDto);
        jsonMsgDto.setJsonData(true);
        jsonMsgDto.setIsSuccess(true);
    } catch(Exception e){
        e.printStackTrace();
        jsonMsgDto.setJsonData(false);
        jsonMsgDto.setIsSuccess(false);
    }
    return jsonMsgDto;
}
//删除记录
@RequestMapping(value="/deleteRecord")
@ResponseBody
public JsonMsgDto deleteRecord(Integer id){
    JsonMsgDto jsonMsgDto=new JsonMsgDto();
    try {
```

```
            bookService.deleteRecord(id);
            jsonMsgDto.setJsonData(true);
            jsonMsgDto.setIsSuccess(true);
        } catch(Exception e){
            e.printStackTrace();
            jsonMsgDto.setJsonData(false);
            jsonMsgDto.setIsSuccess(false);
        }
        return jsonMsgDto;
    }
}
```

在 Spring MVC 中，控制器 Controller 负责处理由 DispatcherServlet 分发的请求，它把用户请求的数据经过业务处理层处理之后封装成一个 DTO，然后再把该 DTO 返回给对应的页面进行展示。在 Spring MVC 中提供了一个非常简便的定义 Controller 的方法，只须使用@Controller 标记一个类是 Controller，然后使用@RequestMapping 和@RequestParam 等一些注解用以定义 URL 请求和 Controller 方法之间的映射，这样的 Controller 就能被外界访问到。此外，Controller 不会直接依赖于 HttpServletRequest 和 HttpServletResponse 等 HttpServlet 对象，它们可以通过 Controller 的方法参数灵活地获取到。@Controller 用于标记在一个类上，使用它标记的类就是一个 Spring MVC Controller 对象。分发处理器将会扫描使用了该注解的类的方法，并检测该方法是否使用了@RequestMapping 注解。@Controller 只是定义了一个控制器类，而使用@RequestMapping 注解的方法才是真正处理请求的处理器，具体参见上面所述的路径解析功能。新书录入功能页面如图 11-7 所示。

图 11-7　新书录入功能界面

11.4.2　图书编辑

图书编辑页面中首先通过 Ajax 将当前的图书信息展示到对话框，供用户修改编辑，然后将修改后的图书信息封装好并提交请求。与新书录入功能一样，请求路径由 Spring MVC 负责解析，book.js 中请求的路径为/book/updateRecord，在 BookController.java 类中，解析对应的一级路径和二级路径，从而找到 updateRecord 方法。图书编辑功能代码调用关系路径如图 11-8 所示。对应的控制层代码如 11.4.1 节所述，在此不再重复。

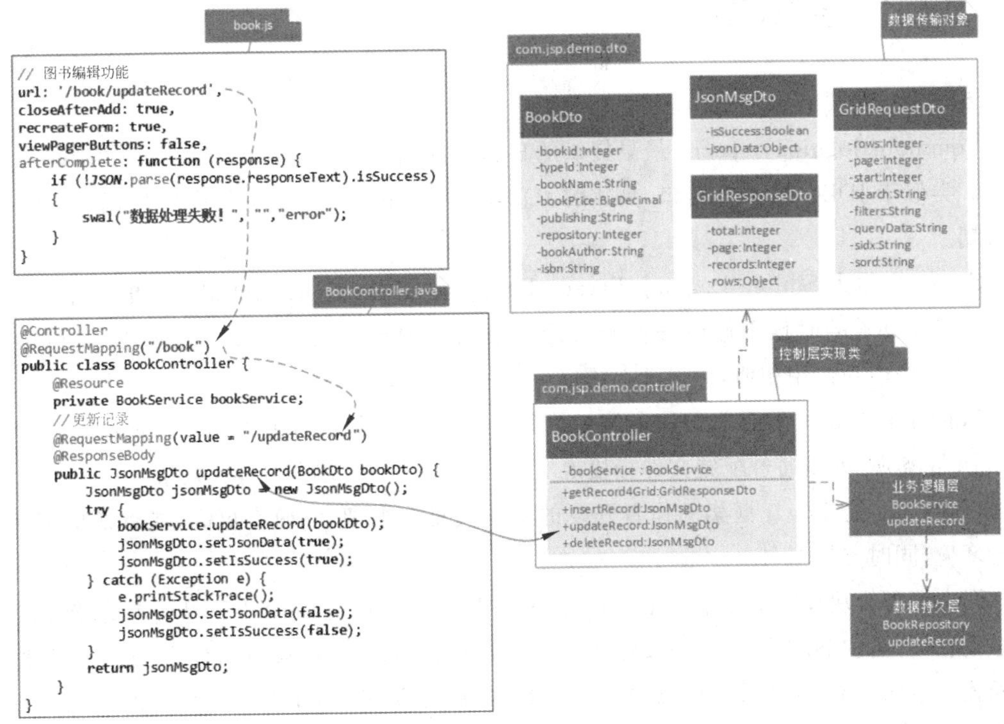

图 11-8　图书编辑功能代码调用关系路径

图书编辑功能的页面如图 11-9 所示。

图书信息

	操作	图书名称	库存量	图书作者
1		中国近代史	100	王东强
2		C语言程序设计	1000	谭浩强
3		WEB程序设计JSP	500	汪诚波
4		数据库原理	200	王珊，萨师煊
5		嵌入式系统	230	张德龙
6		毛泽东思想概论	200	赵树人

添加 编辑 查看 删除　15

编辑记录

图书名称　WEB程序设计JSP
ISBN　978-07941
图书价格　40
出版社　清华大学出版社
库存量　500
图书作者　汪诚波

提交　取消

图 11-9　图书编辑功能的界面

11.5 日志的设计与实现

11.5.1 系统日志

系统日志主要有以下几种。

Commons-logging：apache 最早提供的日志的门面接口。避免和具体的日志方案直接耦合。类似于 JDBC 的 API 接口，具体的 JDBC driver 由各数据库提供商实现，通过统一接口解耦。

Slf4j：全称为 Simple Logging Facade For Java，是对不同日志框架提供的一个门面封装。可以在部署的时候不修改任何配置即可接入一种日志实现方案。Slf4j 与 Commons-logging 的功能和作用相似，但设计上更好一些。

Log4j：经典的一种日志解决方案。内部是把日志系统抽象封装成 Logger、appender、pattern 等实现，可以通过配置文件轻松地实现日志系统的管理和多样化配置。

Logback：是 Log4j 框架的作者开发的新一代日志框架，它效率更高，能够适应诸多的运行环境，同时支持 Slf4j。

图书管理模块使用 Log4j 来记录日志，并对其进行扩展，使用 Slf4j＋Log4j 来全面记录日志信息，所需的 jar 包为 slf4j-log4j12，在前面所述的 pom. xml 配置文件中已经介绍过，然后配置 Log4j. xml，定义系统日志的相关参数，最后在 Web. xml 设置好相应的信息。下面以图书管理的信息展示方法为例进行说明。

```
package com.jsp.demo.controller;
import…
import org.slf4j.Logger;
import org.slf4j.LoggerFactory;
@Controller
@RequestMapping("/book")
public class BookController {
    @Resource
    private BookService bookService;
    private Logger logger =  LoggerFactory.getLogger(this.getClass());
    //获取满足条件记录用于表格展示
    @RequestMapping(value="/getRecord4Grid")
    @ResponseBody
    public GridResponseDto getRecord4Grid(GridRequestDto gridRequestDto){
        GridResponseDto gridResponseDto=new GridResponseDto();
        try {
```

```
            gridResponseDto=bookService.getRecord4Grid(gridRequestDto);
            logger.debug("This is a debug message");
            logger.info("This is an info message");
            logger.warn("This is a warn message");
            logger.error("This is an error message");
        } catch(Exception e){
            e.printStackTrace();
        }
        return gridResponseDto;
    }
}
```

在该类中通过 LoggerFactory 实例调取 getLogger()方法，根据相应的参数设置就可以在控制台看到输出的日志信息。日志级别从低到高分为 trace＜debug＜info＜warn＜error＜fatal，如果设置为 warn，则低于 warn 的信息都不会输出。由于本示例设置的输出结果为 debug 到 error，所以结果如图 11-10 所示。

```
2018-02-27 00:34:02:287 org.hibernate.loader.Loader.getRow(Loader.java:1533) Result row:
2018-02-27 00:34:02:289 com.jsp.demo.controller.BookController.getRecord4Grid(BookController.java:35) This is a debug message
2018-02-27 00:34:02:289 com.jsp.demo.controller.BookController.getRecord4Grid(BookController.java:36) This is an info message
2018-02-27 00:34:02:289 com.jsp.demo.controller.BookController.getRecord4Grid(BookController.java:37) This is a warn message
2018-02-27 00:34:02:290 com.jsp.demo.controller.BookController.getRecord4Grid(BookController.java:38) This is an error message
```

图 11-10 系统日志输出结果

11.5.2 使用 AOP 记录日志

AOP 是 Spring 框架中的一个重要内容，它通过对既有程序定义一个切入点，然后在其前后切入不同的执行内容，常见的 AOP 有：打开数据库连接/关闭数据库连接、打开事务/关闭事务、记录日志等。基于 AOP 是不会破坏原来程序逻辑的，因此它可以很好地对业务逻辑的各个部分进行隔离，从而使业务逻辑各部分之间的耦合度降低，提高程序的可重用性，同时提高了开发的效率。本节通过 AOP 技术，采用自定义注解的方式，统一处理 Web 请求的日志，并定义了一个 AOP 切点类。

1) LogAspect.java

LogAspect.java 代码如下：

```
package com.jsp.demo.utils;
import javax.servlet.http.HttpServletRequest;
import org.aspectj.lang.JoinPoint;
import org.aspectj.lang.annotation.AfterReturning;
import org.aspectj.lang.annotation.Aspect;
import org.aspectj.lang.annotation.Before;
import org.aspectj.lang.annotation.Pointcut;
import org.slf4j.Logger;
```

```
import org.slf4j.LoggerFactory;
import org.springframework.stereotype.Component;
import org.springframework.web.context.request.RequestContextHolder;
import org.springframework.web.context.request.ServletRequestAttributes;
@Aspect
@Component
public class LogAspect {
    private Logger logger=LoggerFactory.getLogger(this.getClass());
    //定义切入点
    @Pointcut("@annotation(com.jsp.demo.utils.SystemLog)")
    public void log(){
        System.out.println("我是一个切入点");
    }
    @Before("log()")
    public void doBefore(JoinPoint joinPoint)throws Throwable {
        //接收到请求,记录请求内容
        ServletRequestAttributes  attributes  =  ( ServletRequestAttributes )
        RequestContextHolder.getRequestAttributes();
        HttpServletRequest request=attributes.getRequest();
        //记录请求的路径、方法和 IP 地址
        logger.info("URL : "+request.getRequestURL().toString());
        logger.info("HTTP_METHOD : "+request.getMethod());
        logger.info("IP : "+request.getRemoteAddr());
    }
    @AfterReturning("log()")
    public void  doAfterReturning(JoinPoint joinPoint){
        //处理完请求,返回内容
        logger.info("=========================");
    }
}
```

为了在框架中实现切面功能,需要引入 AOP 依赖,定义日志切面类 LogAspect 和切入点。其中,@Pointcut("@annotation(com. jsp. demo. utils. SystemLog)")表示定义一个切入点,并对应到自定义注解类。

2) SystemLog. java

SystemLog. java 代码如下:

```
package com.jsp.demo.utils;
import java.lang.annotation.*;
@Target({ ElementType.METHOD })
@Retention(RetentionPolicy.RUNTIME)
@Documented
public @interface SystemLog {
```

```
    //模块名称
    Stringmodule()default "";
    //方法名称
    Stringmethods()default "";
    //描述信息
    Stringdescription()default "";
}
```

最后在需要记录系统日志的方法中添加该注解即可。在本例子中 AOP 切点类只记录了访问请求的 URL、方法名和 IP 地址。

3) BookController.java

BookController.java 代码如下：

```
package com.jsp.demo.controller;
import …
@Controller
@RequestMapping("/book")
public class BookController {
    @Resource
    private BookService bookService;
    //获取满足条件记录用于表格展示
    @RequestMapping(value="/getRecord4Grid")
    @ResponseBody
    @SystemLog(module="图书信息",methods="表格展示")
    public GridResponseDto getRecord4Grid(GridRequestDto gridRequestDto){
        GridResponseDto gridResponseDto=new GridResponseDto();
        try {
            gridResponseDto=bookService.getRecord4Grid(gridRequestDto);
        } catch(Exception e){
            e.printStackTrace();
        }
        return gridResponseDto;
    }
}
```

@SystemLog(module="图书信息",methods="表格展示")注解用于实现基于 AOP 的系统日志记录功能，当访问图书信息显示页面时，基于 AOP 记录的系统日志的运行结果如图 11-11 所示。在本示例中将系统日志信息输出到控制台，如果需要可以通过 Log4j.xml 配置文件将其记录到文本文件或数据库中。

```
2018-02-27 00:46:52:308 com.jsp.demo.utils.LogAspect.doBefore(LogAspect.java:33) URL : http://localhost:8080/book/getRecord4Grid
2018-02-27 00:46:52:308 com.jsp.demo.utils.LogAspect.doBefore(LogAspect.java:34) HTTP_METHOD : POST
2018-02-27 00:46:52:308 com.jsp.demo.utils.LogAspect.doBefore(LogAspect.java:35) IP : 0:0:0:0:0:0:0:1
```

图 11-11　基于 AOP 记录的系统日志的运行结果

11.6 本章小结

本章从实践出发，重构了网上书店的图书信息管理模块。首先对图书管理模块的体系结构和系统功能进行了描述，然后在整合了 Spring、Spring MVC 和 Hibernate 框架的基础上，遵照三层体系架构的思想对其进行了重新开发，并且分析了具体的代码功能，最后展示了如何使用面向切面编程的方法记录系统日志信息。

参 考 文 献

[1] 汪诚波,等.网络程序设计 JSP[M].北京:清华大学出版社,2011.

[2] 李绪成.Java Web 开发教程[M].北京:清华大学出版社,2012.

[3] Alex Bretet. Spring MVC 实战[M].张龙,等译.北京:电子工业出版社,2017.

[4] Mert Caliskan,Kenan Sevindik. Spring 入门经典[M].王净,范园芳,田洪,译.北京:清华大学出版社,2015.

[5] 夏昕,曹晓钢,唐勇.深入浅出 Hibernate[M].北京:电子工业出版社,2005.

[6] 牛德维,杨玉蓓.Java EE(SSH 框架)软件项目开发案例教程[M].北京:电子工业出版社,2016.

参考文献